SOBRE LA MUERTE Y EL MORIR

Informados, pensados, hablados

Andreu García Aznar

SOBRE LA MUERTE
Y EL MORIR

Informados, pensados, hablados

EDICIONS   SELECTES

LLIBRES PARCIR

Colección «Universalis», 20

Materias Thema: JBFV4, PSAD

Primera edición: octubre de 2024

Edita: PARCIR EDICIONS SELECTES
Calle de Àngel Guimerà núm. 74, 08241 Manresa
www.parcir.com ; edicions@parcir.com

Maqueta: Anna García Barcons
Impresión: Inom

ISBN: 978-84-10087-38-5
Depósito Legal: B 18576-2024

A Cándida (+), Carme y Anna
Sin ellas no hubiera sido posible

ÍNDICE

Ayudar a morir es ayudar a vivir, aunque sea con la muerte cerca. Es ayudar a construir (o reconstruir) lo que queda de vida, al servicio de la felicidad máxima a pesar de todo, más que nunca.
Marc Antoni Broggi

INTRODUCCIÓN

Morir, la muerte, forma parte de la vida. Creencias aparte, podemos decir que nadie de nosotros ha muerto antes. Lo que conocemos de la muerte y del morir es por lo que hemos vivido, oido o visto en la muerte de otros: muertes de familiares y amigos que, en algún momento, han convulsionado nuestra vida; muertes representadas en pinturas y esculturas; muertes en el cine, en la televisión y en las plataformas digitales; muertes de personas que migran en busca de una vida mejor y pierden la vida en el intento; muertes a consecuencia de catástrofes naturales o de conflictos bélicos, con su carga de miseria y de víctimas inocentes; muertes, algunas ficticias y otras reales, que nos recuerdan y ponen de manifiesto nuestra finitud y cuánto de frágiles y vulnerables somos.

Esa fragilidad y vulnerabilidad se hace más patente ante la realidad de nuestra propia muerte. No sabemos nada al respecto. Desconocemos si el proceso de morir será largo o repentino, o si aún seremos autónomos para las actividades habituales de la vida diaria, o si conservaremos un nivel de conciencia adecuado o, por el contrario, hará meses, o años, que nos habremos vuelto dependientes y estaremos al cuidado de otros. Que no lo sepamos no quiere decir que no nos lo planteemos o que no debamos pensar en ello.

En las siguientes páginas hablamos de la muerte y de los derechos que nos atañen en relación a la salud y el final de la vida. Lo hacemos en el contexto de una sociedad plural en valores, una sociedad que reconoce, como un bien, el respeto a la autonomía, a la intimidad y a la dignidad de sus ciudadanos.

Al hablar de la muerte y del morir en realidad de lo que estamos hablando es de la vida, del final de la vida. De una vida que aspiramos que sea lo más plena y autónoma posible hasta su final y si, como puede suceder, no es así, que se respete nuestra voluntad y se preserve nuestra dignidad en todo momento.

Recibir una información honesta y veraz y ser conocedores de nuestros derechos es esencial para poder decidir qué es lo que, para nosotros mismos, consideramos que es una vida buena y una buena muerte. Pero no todo depende de nosotros. Para poder elegir, necesitamos que la información recibida sea adecuada a nuestras circunstancias y en ningún caso estará justificada la mentira. Necesitamos una información que nos permita conocer, en el grado que deseemos, la enfermedad que nos afecta y su previsible evolución y pronóstico. También debemos tener información sobre qué tratamientos son los más adecuados y las posibles alternativas a elegir, si las hay. Esa información debe ser favorecida y facilitada por los profesionales de los diferentes centros de salud y nos ha de ser dada en un lenguaje y en una forma adecuada a nuestras necesidades. Para ello es necesario que estos profesionales puedan disponer del tiempo y de los medios necesarios para ello. Tiempo y medios que, ahora, no siempre son suficientes pero que los diferentes gestores, públicos y privados, deberían proporcionar.

El libro se ha dividido en diferentes capítulos. Empieza con una breve revisión sobre la muerte y el morir. En el capítulo siguiente, se incide sobre los derechos de los ciudadanos al final de la vida. Le siguen los capítulos sobre el documento de voluntades anticipadas, la eutanasia y el suicidio médicamente asistido, sobre lo que puede considerarse una buena muerte y un comentario sobre la obra *Ciencia y Caridad* de Pablo Picasso. Un epílogo con un resumen de las ideas generales del libro, un listado de las leyes más relevantes y un glosario, junto con los agradecimientos y la bibliografía, ponen el punto final.

En el año 1998 Ricardo y Nacho publicaron en el diario *El Mundo* una viñeta en la que al lado de una persona recostada en una cama había 4 personas más (entre ellas un religioso, un magistrado y un médico). Están discutiendo sobre la eutanasia. Los comentarios eran «*¡Euta-*

nasia sí! ¡Eutanasia no! ¡Es inmoral!» Ante esa situación el paciente, tímidamente, intenta preguntar algo. Es rápidamente interrumpido y replicado por el magistrado «*¡Oiga, estamos hablando de su muerte! ¡No se meta en lo que no le incumbe!*» Ante esto, le deberíamos responder «*Oiga sí, sí que nos incumbe y no sólo nos incumbe sino que, además, tenemos el derecho a ser informados, a poder reflexionar sobre ello y a manifestar nuestra opinión y luego, libremente, poder participar en las decisiones a tomar. Ustedes no sólo lo han de respetar sino que, además, me han ayudar a poder hacerlo.*»

Desear ser informados no debe llevarnos a vivir pensando en la muerte, pero tampoco debemos vivir olvidando que ésta forma parte de la vida. La muerte es un instante, pero el morir es un proceso (lo repetiremos muchas veces). Un proceso que puede, en algunos casos, ser largo y penoso. Informémonos, pensemos y hablemos sobre ello para que, en la medida de lo posible, ese morir sea vivido de la forma más plácida posible y acorde con nuestros valores.

Informémonos, pensemos y hablemos sobre ello y, después, dejemos constancia de cuáles son nuestros deseos a nuestros allegados. Para reforzar y asegurar que serán cumplidos, y si así lo deseamos, hagámoslos constar en un documento de voluntades anticipadas, algo que es, sin ninguna duda, recomendable. Si lo hacemos, estaremos dejando constancia, tanto para los profesionales sanitarios como para nuestros familiares, de cuál es nuestro deseo de cómo, y hasta dónde, deseamos ser tratados. Al hacerlo estaremos reforzando nuestro deseo de que se respete nuestra voluntad y, también, ayudaremos a nuestros familiares. Nos agradecerán que, en esos momentos difíciles y dolorosos, les hayamos liberado de las dudas y de la responsabilidad de decidir. En caso contrario, les traspasaremos esa responsabilidad que les obligará, de acuerdo con su mejor criterio, a elegir aquello que consideren que es lo que nosotros hubiéramos deseado. Una decisión que puede ser tanto más compleja y difícil si son varias las personas que han de participar en ella, ya que no todos tienen por qué conocer nuestros deseos ni compartir la misma idea al respecto.

Decir que la bibliografía citada sirve de base para este libro y se ajusta a las ideas que se desean exponer. También va a permitir al lector, si así lo desea, ampliar la información. Existen, y son fácilmente accesibles en las bibliotecas públicas, multitud de publicaciones jurídicas, filosóficas y religiosas sobre el tema. También se pueden consultar las páginas web de las diversas asociaciones de bioética que hay en el país. Encontraremos que, diferentes autores y asociaciones, defienden posturas a veces acordes y otras totalmente contrapuestas. Mientras que en cuestiones como el derecho a la información no suele haber controversias, en otras, como el derecho a la prestación de la ayuda para morir, hay posturas enfrentadas que responden a la formación, ideología o creencias de los diversos autores, asociaciones o confesiones religiosas. Vivimos en una sociedad plural que reconoce el respeto a la dignidad y los valores de cada uno de sus miembros, siempre y cuando esos valores no se pretendan imponer o causen daño a otros. En esa idea se sustenta este libro. Un derecho no es una obligación por lo que cada uno es libre de ejercerlo o no. Este libro pretende proporcionar, de forma sencilla, pero no por ello menos rigurosa, la información suficiente para que cada uno pueda conocer sus derechos y decidir, libremente y de acuerdo con sus preferencias y valores, sobre aquellas cuestiones relativas a su salud y el final de su vida.

Morir es dejar de vivir y eso se hace poco a poco, consu-
miéndose. El moribundo es la persona que «entremuere»
o está en trance de morir, como la llama de un vela que
se apaga o la luz del día en el crepúsculo.
Norbert Bilbeny

SOBRE LA MUERTE Y EL MORIR

Los cambios sociales han influido en la percepción ac-
tual de la muerte y nuestra actitud ante ella. Las personas
de una cierta edad recordamos como, habitualmente, las
personas morían en su domicilio, acompañadas de sus
familiares, incluidos los niños. El finado era vestido por
algunas personas vecinas y se procedía a velar el cadáver,
también en el mismo domicilio, hasta el momento de la
realización de un funeral, habitualmente religioso. Después el cuerpo se inhumaba en la tierra o se depositaba en
un nicho. El luto era riguroso y, en algunos casos, el color
negro en la ropa pasaba a ser el habitual para el resto de
la vida.

Actualmente, en Catalunya, más de un 70% de los fallecimientos se producen en un hospital de agudos, un

centro sociosanitario o una residencia, el velatorio se realiza en un tanatorio, con pocos niños, aumentan los funerales civiles y cada vez hay más personas que optan por ser incineradas. Hemos pasado de una muerte, a la que seguía un duelo ritualizado, a una muerte que ocurre en una sociedad que tiende a taparla e ignorarla y que, como refiere Ariés, «está vedada […] se vuelve vergonzante y objeto de tabú […] y donde las manifestaciones aparentes de luto se condenan o desaparecen».

Ignorada o no, la muerte está ahí. Una muerte ante la que sentimos miedo. Un miedo ante lo desconocido, o ante la posibilidad de un padecimiento largo y doloroso. También, un miedo ante la posible pérdida de un ser querido. Un miedo que, para algunas personas, puede ser mitigado por la creencia en otra vida o en la reencarnación, o que somos parte del universo y al morir nuestros átomos volverán a él. Para otros, parafraseando a Miguel Hernández, «vamos de la vida a la muerte, vamos de la nada a la nada». Vida y muerte, dos caras de una misma moneda.

Si dejamos de lado las muertes repentinas o por accidente podemos establecer, a grandes rasgos, tres trayectorias en los pacientes con una enfermedad crónica progresiva e irresoluble, que se encuentran en su último año de vida:

- **Trayectoria asociada al cáncer**: en ella hay un declinar lento con una fase terminal abrupta y clara.

- **Trayectoria asociada a una enfermedad de órgano (insuficiencia cardíaca, insuficiencia respiratoria,..)**: se caracteriza por un deterioro gradual, con crisis agudas de deterioro que sólo se recuperan parcialmente.

- **Trayectoria asociada a la fragilidad o la demencia:** con deterioro lento y progresivo.

A pesar de sus limitaciones, esta clasificación nos pone de manifiesto que algunas personas llegarán al final de su vida conscientes y con capacidad de decidir y otras, lo harán en una situación en la que esa capacidad hará tiempo que se ha perdido. También va a ayudar a planificar las atenciones a realizar y que éstas sean proporcionales a la situación del paciente. Permite también que pacientes, familias y profesionales puedan hablar de la enfermedad y de su posible evolución y realizar (de acuerdo con las necesidades, preferencias y valores del paciente) un plan anticipado de cuidados. Este plan, también denominado Planificación de Decisiones Anticipadas, tiene como función:

- Considerar las posibilidades terapéuticas, valorando la futilidad para no promoverla.
- Valorar los niveles de intensidad del tratamiento. Cuatro preguntas ayudan a hacerlo:
  • ¿Qué esperamos que nos aporte?
  • ¿Qué riesgos tiene y cuáles son los más frecuentes?
  • ¿Hay alternativas?
  • ¿Qué pasa si no hacemos nada?
- Valorar aspectos de calidad de vida
- Favorecer la toma de decisiones por parte de la persona enferma, valorar su grado de competencia (para decir que no se es competente se ha de argumentar que la persona no tiene capacidad de comprensión, de elección o expresión).
- Como conjuntar lo posible con lo deseado.
- Dejar constancia de un compromiso de seguimiento.

- Dejar un registro documental de todo el proceso.

Se trata de facilitar al paciente ser más conocedor de su proceso, al tiempo que se le transmite una sensación de seguridad en el control de su enfermedad. Como la muerte es un proceso, aunque exista un plan general de actuación (individualizado y adaptado para cada persona concreta) éste debe ser revaluado y adaptado si nuevas circunstancias así lo requieren.

Una mala noticia, como lo es una enfermedad grave que comporta riesgo de muerte, puede provocar una serie de reacciones que fueron descritas en 1969 por la psiquiatra suiza Kübler-Ross (1926-2004). Describió cinco etapas que, como ella misma expuso, no tienen por qué producirse en todas las personas ni, tampoco, en el mismo orden. También se puede pasar de una etapa a otra y luego volver a una ya pasada. Estas etapas serían:

1) **Negación:** se trata de un mecanismo de defensa ante una situación que supone una agresión a nuestra integridad. No queremos aceptar lo que nos dicen y negamos la realidad (no puede ser, se han equivocado,…)

2) **Ira:** una fase en en la que pueden aparecer sentimientos de rabia, envidia (¿por qué a mí?…) o de culpa (si no hubiera fumado,…).

3) **Negociación:** se pide un poco más de tiempo (para ver nacer a mi nieto, para…) y, a cambio, se realizan promesas (dejaré de fumar, haré una dieta adecuada, peregrinaré a…) o se hacen peticiones a un dios, a veces olvidado, para que venga a socorrernos.

4) Depresión: la enfermedad sigue su curso, se entra en el decaimiento, en la depresión. Una etapa en la que la persona puede encerrarse en sí misma.

5) Aceptación: finalmente vendría la aceptación de la realidad. En esta fase es importante, como en todas las anteriores, favorecer el diálogo y las medidas de soporte.

Cabe señalar que no todos los investigadores están de acuerdo con esta teoría habiéndose publicado trabajos tanto a favor como en contra de la misma. Independientemente de que existan esas etapas o no, las situaciones en ellas descritas sí que pueden manifestarse en algunas personas: el decaimiento, la desesperanza, el sentimiento de culpa, el enfado por los cambios en los planes de vida que puede comportar la enfermedad, el retorno a una espiritualidad dormida u olvidada, el cambio del modelo de vida, etc.

Aunque parezca obvio decirlo, se debe vivir hasta el momento de la muerte. Se debe estar preparado para ello y es útil disponer de los mecanismos que permitan que cada día, de esos últimos días, tenga sentido. Estar satisfecho con lo vivido, la forma con la que se han afrontado las dificultades y los problemas a lo largo de la vida, los valores que le han dado sentido, la espiritualidad y las creencias, un buen control de los síntomas, el apoyo emocional… influirán en el proceso de morir y en cómo se afronta la muerte.

Según la nota de prensa del Instituto Nacional de Estadística, de 26 junio de 2024, en 2023 (datos provisionales) fallecieron en España 433.163 personas, 210.077 hombres y 214.086 mujeres y la tasa bruta de mortalidad fue de 895.4 fallecimientos por 100.000 habitantes. Los tumores fueron la primera causa de muerte (26.6%), seguidos por las enfermedades del sistema circulatorio (26.5%). Por sexo, las enfermedades isquémicas del corazón fueron la primera causa de muerte entre los hombres, seguida del cáncer de bronquios y pulmón y de las enfermedades cerebrovasculares. En las mujeres, las causas más frecuentes fueron la demencia, las enfermedades cerebrovasculares y la insuficiencia cardíaca. La muerte por caídas accidentales, con un incremento del 6.1% en relación al año anterior, fue la causa externa más frecuente de muerte (4018 casos) desplazando a los suicidios (3.952 casos). La causa externa más frecuente en los hombres fue el suicidio y en las mujeres las caídas accidentales.

También al marchar de la vida necesitamos agarrarnos
a los objetos, no sólo a las personas, que son el testimonio
de nuestra originalidad, a pesar del anonimato y la
humillación de nuestro cuerpo desnudo y en manos de
otros. A veces ni siquiera nos habrán dejado llevar en
la despedida un simple recuerdo que recuerde nuestra
condición familiar y la lengua en que hablamos
Norbert Bilbeny

DERECHOS Y NECESIDADES DE LOS CIUDADANOS AL FINAL DE SUS VIDAS

Ante el final de la vida, una sociedad cuidadora y respetuosa con la autonomía, intimidad y dignidad de sus ciudadanos debe favorecer y procurar el derecho de cada individuo a:

- Ser tratado como un ser humano hasta el momento de la muerte y a ser cuidado por personas sensibles y competentes
- La verdad y a una verdad entendible
- No conocer
- Rechazar un tratamiento
- Ser liberado del dolor y el sufrimiento
- Los cuidados paliativos
- La atención a la dependencia
- Mantener la esperanza y poder expresar sus sentimientos y creencias sin ser juzgado por ello

- Recibir ayuda para sí mismos y sus familias para afrontar la muerte
- Morir en paz y dignidad
- No morir solo
- Que su cuerpo sea tratado con respeto después de la muerte.

Hablamos de derechos pero, sobre todo, debemos hablar de cómo se ajustan esos derechos a las necesidades de las personas. Si el acceso a un derecho no se ajusta a las necesidades, ese derecho no se está respetando. Por ejemplo: tenemos derecho a la información de todo lo que nos atañe en relación a nuestra salud, pero no todos necesitamos ni la misma información ni la misma cantidad. La información no puede ser un listado de datos y luego ya se espabilará usted con su autonomía para decidir. Ignorar que la enfermedad y la recepción de la información, especialmente si conlleva peligro para la vida, pueden repercutir en el procesamiento de la información recibida, y no ser ayudados en ese proceso, es no estar atento a las necesidades de cada cual y supone, por tanto, un menoscabo de ese derecho. Otro ejemplo: tenemos derecho a ser liberados del dolor y del sufrimiento pero, en ocasiones, eso solo se puede conseguir con una sedación profunda que comporta una disminución del estado de conciencia. Puede darse la situación en que debamos elegir entre estar conscientes, aunque no se pueda aliviar todo el dolor y el sufrimiento, o estar sin dolor, pero con una disminución del estado de conciencia. Por tanto, hay que asegurar que se respeten los derechos pero, sobre todo, que al hacerlo, se dé respuesta a las necesidades y los deseos particulares de cada persona.

Derecho a ser tratado como un ser humano hasta el momento de la muerte y a ser cuidado por personas sensibles y competentes

El dibujo que precede este texto, realizado por Marina en su niñez, representa una unidad de hemodiálisis. En él, podemos observar tres figuras de pie (dos enfermeras y una auxiliar de enfermería que sostiene una bandeja con la merienda) y una, el paciente, en una cama, con unos cables que lo conectan a la máquina de diálisis. Si nos fijamos bien veremos que, a excepción del paciente, las otras tres figuras tienen dibujado el cabello y las facciones de la cara.

Si nos permitimos la licencia de interpretar libremente el dibujo, podemos elucubrar que mientras unas figuras son conocidas por la autora, las que tienen las facciones de la cara dibujada, otra, el paciente, le es ajeno y extraño.

La atención a las personas debe hacerse siempre de acuerdo con las normas de la buena práctica clínica. Toda actividad debe realizarse con profesionalidad, sea en una cadena de montaje o en un hospital. En la asistencia sanitaria, la profesionalidad exige algo más que un conocimiento científico y unas habilidades técnicas. En una cadena de montaje cada profesional realiza una actividad concreta en un objeto que, hasta que cambia el producto, siempre es el mismo. Los profesionales sanitarios tratan con personas que siempre son diferentes y en las que una misma enfermedad no siempre se manifiesta, o evoluciona, de la misma forma.

Las personas que acuden a ser atendidas tienen tras de sí una historia social, familiar y personal. Son personas que pueden llevar sobre sus espaldas experiencias previas, positivas o negativas, de enfermedades anteriores. Acuden con sus esperanzas y sus temores, con su situación social y económica y, entre otras, con sus creencias. Todo ello va influir en la relación que se va a establecer con las personas que les atienden. Unas personas que también tienen tras de sí su historia y sus vivencias y que no sólo han de saber de signos y síntomas. Como decía Gregorio Marañon, «*el médico que sólo sabe de signos y síntomas acaba no sabiendo nada de sus pacientes*».

Algunas personas mueren en sus domicilios pero la mayoría lo hace en un hospital, en una residencia o en un centro sociosanitario. En la percepción de la atención recibida influirá, por un lado, la actitud de los profesionales y, por otro, el entorno.

La atención sanitaria puede realizarse, a grandes rasgos, de dos formas: una atención basada en el profesional y otra, más deseable, centrada en el paciente. En el primer caso predominan los signos y los síntomas de la enfermedad, la necesidad de llegar a un diagnóstico, la opinión que cuenta es la del profesional y el paciente es considerado como un no igual al profesional, que es el que, mucho o poco, habla. Ciertamente que, cuando nos aqueja una enfermedad, deseamos que se realicen las pruebas diagnósticas adecuadas, que se llegue a un diagnóstico y que nos indiquen el tratamiento más adecuado para solucionar, o aliviar, el mal que nos aqueja. Eso no impide que todo ello no se pueda llevar a cabo con una atención centrada en el paciente. Una atención, ésta, que se realiza en términos humanos y en la que no sólo se valora la enfermedad sino al paciente en su conjunto. No es la enfermedad, es una persona que padece una enfermedad. Es un paciente que se considera como un igual y en la que su opinión, después de una adecuada información, es importante a la hora de decidir la pauta a seguir. Es un paciente al que se le deja hablar, al que se le escucha y al que se le facilita que exprese sus temores y sus dudas. Y, aquí, volvemos al dibujo de Marina que precede este apartado. Se trata de no olvidar que hay que poner cara a los pacientes. De verlos, más allá de su enfermedad, como una persona, con sus preocupaciones, sus miedos, sus valores, su individualidad y que debe ser atendida, preferentemente, en su propia lengua. Circunstancias que lo hacen distinto a cualquier otro y que han de ser consideradas en su atención. Algo que siempre debemos tener en cuenta pero que cobra mayor importancia en el final de la vida, cuando ya no podemos curar y sólo podemos cuidar (¡ojo, no minusvaloremos ese «sólo podemos cuidar»!).

La muerte en el domicilio permite a las personas morir en su entorno y facilita el contacto con sus allegados. Circunstancias diversas no permiten, o desaconsejan, que ello pueda ser así por lo que, en ocasiones, será necesario que las personas ingresen en un centro asistencial. Los pacientes ingresados pueden sentirse desubicados y verse sometidos a un aislamiento de su entorno familiar y social, a la dependencia del personal del centro, a la pérdida de la intimidad, o a una información deficitaria (fragmentada o contradictoria) si no existe una persona referente encargada de facilitarla o coordinarla. Primar los cuidados y la calidad de vida, trasladar a los pacientes, en sus momentos finales, a habitaciones individuales, velar por preservar su intimidad, facilitar el acompañamiento por sus familiares o allegados y respetar sus decisiones y valores deben ser especialmente considerados. También es importante la atención a los familiares. Es recomendable disponer de lugares con un entorno amable (no un pasillo de hospital) para hablar con ellos y proporcionarles la ayuda necesaria para gestionar la muerte de sus parientes, informándoles de los posibles trámites a realizar y ofrecerles recursos de soporte en el duelo.

Todos sabemos que, desgraciadamente, eso no siempre es así y nos acuden a la mente imágenes de informaciones que se dan en los pasillos, puertas abiertas que permiten ver a los pacientes, ruidos… También hemos conocido situaciones límite, como ocurrió en la pandemia por la COVID, que supuso una experiencia dolorosa para pacientes, que fueron aislados, y para sus familiares, que no todos pudieron estar a su lado en el momento de la muerte. Experiencias que también fueron dolorosas para los profesionales que se enfrentaron a una situación desconocida y que dieron todo de sí.

Se están haciendo avances en este campo. Se incide en la formación de los profesionales y hay centros que ya destinan espacios para personas frágiles; centros que disponen de profesionales, específicamente destinados para ello, para atender a los familiares de personas en las que se prevé un desenlace fatal; centros que disponen de asistencia espiritual, laica, para las personas que lo solicitan….

Una asistencia de calidad, en términos humanos, exige de profesionales competentes en el ejercicio de su profesión, sensibles y empáticos. Unos profesionales con los conocimientos y las habilidades necesarias para tratar y acompañar a sus pacientes, y a sus familias, en el trance de su enfermedad, especialmente en las etapas finales de la vida. Exige, también, de políticos y gestores sanitarios que, conocedores de las deficiencias existentes, destinen los recursos necesarios para que aquellos puedan llevarla a cabo.

Derecho a la verdad y a una verdad entendible

La señora Mary E. Scholoendorff ingresó en un hospital de Nueva York afectada de fuertes dolores abdominales. Después de interrogarla y explorarla, el médico que la atendía le explicó que tenía dudas sobre la presencia de un tumor abdominal y que era necesario, para confirmar el diagnóstico, realizar una laparotomía exploradora. Ésta técnica consiste en abrir el abdomen, con anestesia, y mirar. El médico solicitó permiso a la paciente, que accedió con la condición de que no se realizara ninguna otra acción. Manifestó que en caso de que se tuviera que realizar algo más debería ser consultada previamente. Durante la intervención, el cirujano observó una masa tumoral. Considerando que era lo mejor para su paciente, pero sin consultarle, la extirpó. Cuando la sra. Scholoendorff despertó, fue informada de lo ocurrido. Las explicaciones que le dieron para justificar que no se siguieron sus instrucciones no le satisficieron por lo que decidió demandar al hospital. Alegó que ella, como había manifestado antes de la intervención, no había sido consultada previamente para la extirpación de esa masa tumoral. El juez encargado del caso, Benjamin Nathan Cardozo, dictaminó que *«Todo ser humano de edad adulta y mente sana tiene un derecho a determinar que debe hacerse con su cuerpo, y el cirujano que realiza una operación sin el consentimiento de su paciente comete un agresión por la que se le pueden reclamar legalmente daños. Esto es verdad, excepto en casos de emergencia, cuando el paciente está inconsciente y cuando es necesario operar antes de que sea obtenido su consentimiento».* Aunque el juez reconoció su derecho a decidir sobre su cuerpo desestimó su demanda y la condenó a pagar las costas del juicio. Esta sentencia está considerada como un paso adelante en el reconocimiento del derecho de las personas a decidir sobre su propio cuerpo en las cuestiones que atañen a su salud. Era el año 1924.

El derecho de los ciudadanos a recibir una información adecuada sobre las cuestiones que afectan a su salud no siempre ha sido reconocido. Ahora, como antes, los médicos desean ayudar a sus pacientes y éstos suelen confiar en lo que aquellos les indican. Hubo un tiempo en que los médicos, llevados por un deseo protector y benefactor, decidían qué información dar sin tener en cuenta la opinión del enfermo. Se trataba de una actitud paternalista en la que negaba la verdad al doliente. Éste, si bien podía negarse, solía aceptar lo que se le indicaba. Se creía, y se decía, que ante una enfermedad grave, lo mejor para el enfermo era no ser conocedor de ello. Se consideraba que ese conocimiento podía ser nocivo para su salud. Esa forma de actuar era reforzada, habitualmente, por los familiares, dando lugar a lo que se denominó el pacto de silencio. Un silencio al que se sometía al paciente y en el que todos podían hablar de las cuestiones relacionadas con la enfermedad menos él, ya que era desconocedor de su situación. Se daba el caso que, mientras los familiares podían compartir sus dudas y pesares, el paciente quedaba al margen. Ese comportamiento, esa mentira, no era vista como un engaño sino como una forma piadosa de actuar ante alguien que estaba sufriendo. Se creía que actuar así era lo correcto y lo beneficioso para la persona con una enfermedad grave, especialmente si ésta comportaba un riesgo de muerte. Se negaba la verdad y se alteraba el lenguaje evitando nombrar enfermedades como la tuberculosis (cuando ésta era una enfermedad sin tratamiento y con alta mortalidad) o el cáncer (cuando los tratamientos disponibles para esta enfermedad eran escasos y las tasas de curación y supervivencia eran muy inferiores a las actuales). Actualmente la situación ha cambiado. Hoy en día no es raro que los pacientes hablen libremente de su enfermedad y que personajes públicos comenten haber sido diagnosticados de un cáncer o de una enfermedad neurodegenerativa.

Cuando acudimos al médico buscamos solución a los problemas de salud que nos afectan. Del otro lado, los profesionales sanitarios desean ayudar a sus pacientes a solucionarlos. Eso no es siempre posible porque ni la medicina es una ciencia exacta, ni es posible curarlo todo. Una información adecuada ayuda al paciente a conocer mejor su enfermedad. Así puede participar en la toma de decisiones, con un mejor conocimiento de causa, y en el grado que desee, y colaborar con los profesionales sanitarios, en el objetivo común de busca de la mejor evolución, control y tratamiento de la enfermedad.

La ley y los códigos deontológicos reconocen que el tributario del derecho a la información es el paciente y que sólo se puede informar a los familiares si el interesado, de forma implícita o explicita, lo autoriza. Se reconoce, pues, el derecho de todos a recibir la información sobre su enfermedad, incluyendo el resultado de las pruebas diagnósticas, su pronóstico y su posible evolución. También se reconoce el derecho a recibir información sobre los posibles tratamientos y sus efectos secundarios, así como las consecuencias previsibles para su salud en caso de rechazarlos. Esta información debe adaptarse a las necesidades del paciente, adecuando el lenguaje y los tiempos para que pueda asimilarla y decidir con conocimiento de causa. En casos de enfermedades de larga evolución, la información deberá irse dando a lo largo de todo el proceso y de acuerdo con las eventualidades que se vayan presentando. La información debe ser oral y ha de permitir al paciente preguntar sobre aquellas cuestiones que para él son relevantes o que den respuesta a sus dudas. Aunque la información debe ser oral es importante que, en algunos procesos, se acompañe de información escrita y/o de folletos informativos que la complementen y permitan al paciente leerlos con tranquilidad y, si lo desea, comentarla con las personas de su entorno. El derecho a la información implica también que el paciente pueda solicitar o recurrir a una segunda opinión o que acceda, si así lo desea, a la información sobre su proceso a través de internet o cualquier otro medio de información.

Para la realización de algunas pruebas diagnósticas (endoscopias, biopsias, etc.), o si debemos someternos a una intervención quirúrgica, o a una transfusión sanguínea, los profesionales sanitarios nos pedirán que firmemos un documento de consentimiento informado (a partir de ahora DCI). En este documento se explica el acto médico que nos han propuesto y sus posibles efectos secundarios así como, si la hay, las posibles alternativas. En él debe constar el nombre del profesional que propone la intervención y el del paciente. EL DCI deberá ser firmado por ambos, debiendo guardarse una copia en la historia clínica y otra entregada al paciente. El paciente puede retirar su consentimiento, si así lo desea, en cualquier momento. El DCI también incluye un apartado para el caso de que no se acepte la propuesta. En este caso también deberá ser firmada por el profesional y el paciente, que se quedará con una copia, y la otra se guardará en la historia clínica.

Si siempre la información ha de ser adecuada y adaptada a las necesidades de los pacientes ello cobra una relevancia mayor cuando se trata de una mala noticia. Una mala noticia es aquella que de una manera drástica y negativa altera la visión de futuro de una persona y cobra una mayor relevancia cuando esa información lleva implícita el riesgo de muerte. El escritor Henning Mankell describe en su libro *Arenas movedizas* cómo recibió la noticia sobre el cáncer que, meses más tarde, sería el causante de su muerte:

> *«Otra muerte que me asustaba [...] un hombre [...] pisa por casualidad un banco de esas arenas traicioneras, que lo atrapan en el acto [...] la arena empieza a taparle la boca y la nariz. El hombre está condenado. Se ahoga [...] Cuando supe que tenía cáncer ese miedo volvió [...] la certeza paralizante*

de que sufría una enfermedad grave e incurable. Me llevó diez días con sus noches, con muy pocas horas de sueño, mantenerme en pie y no quedar paralizado por el miedo que amenazaba con destruir toda mi capacidad de resistencia».

Las malas noticias que comportan riesgo de muerte afectan al paciente pero también a los profesionales sanitarios. Lo hacen en un ámbito diferente. Para el paciente un pronóstico de vida desfavorable es vivido como un peligro para su integridad y, como refiere Mankell, uno puede sentirse paralizado y necesitar varios días para asimilar la información recibida. Ese pronóstico (aunque sea acertado y haya sido dado de forma prudente y adecuada) también puede ser interpretado, por paciente y familiares, como un fracaso de la terapia curativa, lo que puede llevarlos a buscar otras opciones con la esperanza de que sean más favorables, o a recurrir a recursos alternativos, sin base científica, ofrecidos por personas que, de buena fe o por intereses diversos, se aprovechan de la angustia y desespero de pacientes y familiares. Falsos remedios que, en el mejor de los casos, tendrán un efecto placebo siendo perjudiciales en algunas ocasiones. Aunque recurrir a esas prácticas no debe implicar la desatención de los pacientes por parte de los profesionales de la salud, es importante que les informen sobre la inefectividad de las mismas. Por otro lado, es obligación de las autoridades sanitarias el estar atentas y denunciar la propaganda sobre productos o prácticas engañosas o dañinas para la salud. Por su parte, los profesionales sanitarios pueden sentir preocupación sobre si sabrán gestionar adecuadamente las reacciones que la mala noticia puede provocar y las preguntas que seguramente van a surgir sobre la evolución de la enfermedad, el tiempo esperado de vida o sobre la muerte (¿sufriré?, ¿cuánto tiempo me queda?, ¿cómo será mi muerte?…). Respuestas que, por la propia incertidumbre de la medicina son difíciles de responder con exactitud.

La repercusión de la enfermedad sobre las personas depende de su gravedad, de la posibilidad de tratamiento, de su evolución y también de la repercusión que va a producir en la vida diaria de la persona afectada. Ser diagnosticado de padecer un cáncer avanzado con presencia de metástasis y sin posibilidad de tratamiento es, sin duda, una mala noticia. También lo es, aunque con una significación diferente, el diagnóstico de una diabetes o la pérdida del dedo pulgar o la extirpación de las cuerdas bucales. La repercusión de las dos últimas afecciones puede cobrar una especial relevancia para el afectado si la pérdida del dedo se da en un cirujano o en un pianista, o la extirpación de las cuerdas bucales afecta a un cantante de ópera. Los tres, sin embargo, podrían ejercer su profesión sin problemas si el diagnóstico fuera la diabetes. Son importantes las enfermedades por ellas mismas pero también por la repercusión que provocan en la vida de las personas, ya que cada caso es individual y nunca una misma enfermedad es igual para dos personas.

Decíamos al inicio que el tributario de la información es el paciente y que sólo se puede dar información a los familiares si así él lo ha autorizado. Ello no debe llevar a un menoscabo de la importancia que tiene la familia en nuestro entorno. Es común que las personas acudan a la consulta acompañadas de sus parejas o hijos y no es nada extraño ver como también los acompañan, si es el caso, en los ingresos hospitalarios. Podemos entender la autonomía como un ejercicio unipersonal, pero también es posible entender una autonomía en la que la persona comenta y decide conjuntamente con sus allegados más próximos, personas que forman parte esencial de su vida, y con los que, posiblemente, ya han tomado decisiones ante los problemas que acontecen a lo largo de una vida en común. Hay ocasiones en que, abiertamente, queda de relieve, por las circunstancias de la persona enferma, que son los familiares los que van a tomar la decisión. Sin cuestionar, como se ha dicho y repetido, que es el paciente el tributario de la información, hay que resaltar la importancia de las familias en el proceso de atención de los pacientes. Hay familias colaboradoras y las hay ausentes y las hay unidas y las hay que disputan entre ellas. Teniendo siempre como objetivo el bienestar, según sus preferencias, del paciente, una buena gestión de la situación redundará en una mejor práctica asistencial.

Derecho a no conocer

No todos los pacientes lo desean saber todo. El 1 de mayo de 2024, en el programa *Els Matins* de Catalunya Radio uno de los temas planteados fue la cuestión de si el acceso a conocer los resultados y los informes sobre las pruebas que se realizan a un paciente debería ser antes o después de la visita con el médico que las ha solicitado. Actualmente es posible, a través de la aplicación *La Meva Salut*, que aquel que lo desee pueda acceder a los resultados de los análisis, o a los informes de pruebas diagnósticas que se le han realizado, una vez éstos han sido validados. Este hecho responde al derecho de las personas a la información sobre las cuestiones que afectan a su salud y es, por tanto, una muestra de respeto a su autonomía y a su derecho a decidir. En el programa, intervinieron dos personas que expresaron el desasosiego que sintieron al ver los resultados y por el tiempo de espera para ser visitadas. Manifestaron su opinión de que éstos resultados deberían estar disponibles para los pacientes sólo después de la visita con su médico. Estas opiniones contrastan con la de expertos en bioética y la política de la consejería de sanidad que defienden el derecho a la información de quien lo desee, pero también el respeto a no ser informados siempre y cuando lo hayan manifestado previamente (que exista la información no nos obliga a que accedamos a ella).

El derecho a conocer, a ser informados, no es una obligación a conocer y a ser informados. Al igual que el derecho al aborto o la prestación de la ayuda para morir permite a las personas acceder a uno u otra pero no obliga a nadie a hacerlo, el derecho a la información no obliga a nadie a ser informado, si ese es su deseo. Es más, la ley reconoce, explícitamente, el derecho a no ser informado. Hay quien lo desea saber todo y quien no desea saber nada, delegando la recepción de la información a los familiares. Hay, también, personas que no tienen suficiente con la información recibida y adoptan una actitud de búsqueda en internet. Las hay que se unen a asociaciones de personas y familiares afectadas por la misma enfermedad, para lograr una mayor atención, soporte y ayudas para la investigación (asociación contra el cáncer, asociación de personas afectadas por la ELA, asociaciones de pacientes afectados por enfermedades minoritarias, etc. son algunos ejemplos). Lo mejor es aquello que cada uno considera que es lo mejor para él.

Cabe, sin embargo, interrogarnos sobre qué es lo que entendemos por el deseo de no ser informado. Es importante que se asegure el máximo acceso a la información dentro de los límites que el paciente establezca o la prudencia asistencial, siempre que se justifique, aconseje. No debemos interpretar el deseo a no conocer como un deseo absoluto a no saber nada o como un deseo que cierre todas las puertas a toda la información. Saber qué parcelas desea, o no, conocer el paciente, al objeto de una mejor asistencia, es una habilidad que todos los profesionales deben adquirir como parte de su formación curricular, al igual que la formación necesaria para saber gestionar las malas noticias.

Ley 41/2002, de 14 de noviembre, básica reguladora de la autonomía del paciente y de los derechos y obligaciones en materia de información y documentación clínica.

Artículo 4. Derecho a la información asistencial
1. Los pacientes tienen derecho a conocer, con motivo de cualquier actuación en el ámbito de su salud, toda la información disponible sobre la misma, salvando los supuestos exceptuados por ley. Además toda persona tiene el derecho a que se respete su voluntad de no ser informada. La información, que como regla general se proporcionará verbalmente dejando constancia en la historia clínica, comprende, como mínimo, la finalidad y la naturaleza de cada intervención, sus riesgos y sus consecuencias.
2. La información clínica forma parte de todas las actuaciones asistenciales, será verdadera, se comunicará al paciente de forma comprensible y adecuada a sus necesidades y le ayudará a tomar decisiones de acuerdo con su propia y libre voluntad.
3. El médico responsable del paciente le garantiza el cumplimiento de su derecho a la información. Los profesionales que le atiendan durante el proceso asistencial o le apliquen una técnica o un procedimiento concreto también serán responsables de informarle.

Derecho a rechazar un tratamiento

Inmaculada Echevarría (1954 - 2007) fue diagnosticada a los 11 años de una enfermedad que se caracteriza por una afección progresiva de los músculos del cuerpo. Con el tiempo, ésto la condujo a un estado de inmovilidad casi absoluta, con una dificultad respiratoria que precisó de una traqueotomía y de un respirador artificial para mantenerla con vida. Su estado de conciencia y su capacidad intelectual no se vieron afectadas, lo que le permitió comunicarse con sus amigos y los profesionales de la salud que la atendían. Siendo competente para ejercer su derecho a decidir sobre su salud, y en su derecho a aceptar o rechazar un tratamiento, manifestó, en octubre de 2006, su deseo de ser desconectada del respirador artificial que la mantenía con vida. Después de un largo proceso, fue desconectada del respirador y falleció el 21 de marzo de 2007, después de ser informada y ser confirmada su decisión. Antes de desconectarla, y para evitar cualquier sufrimiento, fue sedada, falleciendo en pocos minutos. Antes de morir expresó su agradecimiento a las personas que la habían ayudado en su caso y se despidió de los profesionales que la acompañaban en la habitación. Éstos se trasladaron, junto con ella, del hospital privado en el que estaba ingresada, y que no aceptaba esa decisión, al centro público en el que finalmente se procedió la desconexión del respirador.

Nadie está obligado, salvo situaciones muy excepcionales y justificadas, a seguir un tratamiento. Al igual que podemos rechazar ser informados, también podemos rechazar intervenciones quirúrgicas, medicamentos y hábitos de vida saludable que, en un momento dado, el médico nos indique. Aunque es algo que deberíamos hacer siempre que se nos propone un tratamiento, es prudente que, antes de rechazarlo, nos informemos sobre las ventajas e inconvenientes de seguir la pauta recomendada y de las consecuencias que pueden devenir de no hacerlo.

Cuando acudimos a la consulta de nuestro médico del centro de asistencia primaria, o a la consulta de un especialista, lo hacemos porque buscamos solución, o al menos información, sobre alguna duda o sobre el mal que nos preocupa. Buscamos una solución a ese problema y la persona que nos atiende emplea los medios disponibles para ello. No siempre existe una solución y no siempre esa solución es de nuestro agrado. En ese momento podemos optar por seguir las indicaciones dadas o rechazarlas. Seguirlas puede llevar a curar o paliar ese problema, pero también pueden presentarse efectos secundarios propios de la intervención realizada. No hacerlo también tiene sus consecuencias, que dependerán tanto del mal que nos aqueja como del beneficio que nos podrían proporcionar las medidas que hayamos rechazado. Rechazar tomar un analgésico para calmar el dolor provocado por una contusión no tiene las mismas consecuencias que, ante un sangrado masivo, rechazar una transfusión de sangre o, otro ejemplo, rechazar una intervención quirúrgica por un cáncer de colon. Ante estas situaciones, con una evidente diferencia en gravedad y repercusión, una persona adecuadamente informada y con sus capacidades conservadas, puede decidir libremente qué opción seguir.

Nadie debe ser coaccionado para seguir las indicaciones que la buena práctica clínica aconseja en ese momento.

Sí que es importante saber cuál es la causa de ese rechazo. No aceptar una transfusión de sangre puede ser debido a una creencia religiosa o por el temor a un posible contagio. La libertad religiosa es un derecho y no puede serle cuestionada a nadie. Si la causa del rechazo es el miedo a un contagio, una conversación que proporcione una información adecuada sobre las medidas de seguridad y sobre las ventajas y riesgos de realizar la transfusión, en contraposición con el no hacerla, puede llevar al paciente a reconsiderar la situación.

Una situación similar sería el miedo a una intervención quirúrgica. Tener temor ante una intervención es algo común. Hablar sobre esos temores, comentar las dudas y responder las preguntas que la persona plantea, es parte esencial de una buena asistencia. Una conversación tranquila, en un entorno amable, puede disipar dudas y temores injustificados que, de no hacerla, puede llevar a decisiones precipitadas y perjudiciales para el paciente. Ello no contradice, como refiere Engelhart, el hecho de que es preferible elegir libremente a elegir correctamente por imposición de otros. Respetar al paciente en sus decisiones es obligatorio, pero también lo es ayudarlo, de forma honesta, a tomar esas decisiones con la mayor información posible.

Derecho a ser liberado del dolor y el sufrimiento

Angeles Caso se preguntaba, en un artículo publicado en el diario *El País* en 1998, por qué «*no se reclama, ni a los médicos ni a los centros asistenciales a los que acudimos, credenciales morales o religiosas que nos permitan saber cómo afrontarán nuestro propio dolor o el de nuestros seres cercanos […] nunca preguntamos si ese médico, o la dirección de ese centro, cree que hay que sufrir lo que Dios o los dioses manden; si recetan morfina cuando el dolor se vuelve insoportable; si duermen al agonizante para que su muerte sea lo más dulce posible».*

No existe ninguna justificación, clínica o ética, para no tratar el dolor físico y el sufrimiento emocional. La medicina no lo puede curar todo, pero siempre puede aliviar el padecimiento. Existen varios fármacos, que pueden utilizarse solos o combinados y en los que hay margen para aumentar progresivamente las dosis en función de las necesidades del paciente. Siempre que sea posible se utilizará la vía oral, subcutánea o la transdérmica, en preferencia a la vía venosa o intramuscular.

En ocasiones para calmar el dolor y el sufrimiento es necesario proceder a una sedación. Existen dos modalidades:

1) **La sedación paliativa**: se trata de la administración de los fármacos necesarios para disminuir de forma profunda la conciencia del paciente, para aliviar uno o más síntomas que no responden a otros tratamientos. Puede ser puntual.

2) **La sedación en la agonía**: en este caso el objeto de los fármacos administrados es producir una disminución profunda e irreversible del estado de conciencia, con el objeto de disminuir el sufrimiento físico o psicológico de un paciente que ya está en los momentos finales de su vida.

En ambos casos se produce una disminución de la conciencia por lo que el paciente pierde su capacidad para tomar decisiones. Se debe realizar con el consentimiento del paciente o de la persona por él delegada. Es importante que los familiares también sean informados de esta situación. Cuando la sedación se realice en la agonía se debe facilitar que las personas puedan despedirse. También se debe comentar que, en ocasiones, puede ser necesario ir ajustando las dosis hasta lograr el efecto deseado.

Es frecuente que los familiares pregunten sobre si el paciente, una vez sedado, sufre u oye las conversaciones. El objetivo de la sedación es evitar el sufrimiento físico y psicológico por lo que se les debe tranquilizar al respecto. Algunos estudios afirman que los moribundos pueden oír sonidos (lo que no quiere decir que los entiendan). Un entorno tranquilo, sin ruidos, recordar momentos agradables y mantener el contacto físico son útiles en esos momentos, posiblemente más para los allegados.

La sedación paliativa y la sedación en la agonía no deben confundirse con la eutanasia ya que el objetivo de las mismas es aliviar el sufrimiento pero sin pretender provocar o adelantar la muerte.

Derecho a los cuidados paliativos

El origen de los cuidados paliativos se remonta a los años sesenta del siglo pasado, en el Reino Unido, con el movimiento *Hospice*. Este movimiento fue impulsado por la enfermera y trabajadora social Cicely Saunders ante la falta de cuidados que padecían los enfermos terminales. Para poder desarrollar mejor su labor y tener una mayor influencia en sus pacientes, inició la carrera de medicina, obteniendo el titulo 1957. Obtuvo también una beca para el estudio del dolor. Distinguió dos tipos de dolor: el físico y el psíquico, y definió, en 1964, el concepto de «dolor total» que incluye elementos sociales, emocionales y espirituales. Cicely Saunders abrió el primer *Hospice*, cerca de Londres, en el año 1967. Estaba destinado únicamente a enfermos terminales y su objetivo era tratar el dolor y ayudarlos a morir. Aunque contraria a la eutanasia, fue defensora de una muerte con dignidad y pacífica y, también, de que los últimos días de vida fueran vividos dignamente. En 1984, el modelo fue importado al Hospital de la Santa Creu de Vic por el Dr. Gómez-Batiste.

En el año 1986, siendo Josep Laporte Consejero de Sanidad y Seguridad Social, se creó en Catalunya el programa *Vida als anys* con el criterio de «*proporcionar a las personas mayores de 65 años, que lo necesiten, una atención global e integrada que tenga en cuenta los aspectos sanitarios, sociales y familiares. Esta atención podrá extenderse a las personas afectadas por una larga enfermedad de edad inferior a los 65 años, excepto de aquellas que pertenezcan a colectivos específicos*». Este programa daría pie, en 1990, a la creación del programa PADES (Programa de Atención Domiciliaria, Equipos de Soporte) para atender, en su domicilio, a personas en el final de sus vidas.

En el año 1996, The Hastings Center (Garrison, Nueva York) publicó un informe, realizado por un grupo de expertos, sobre cuáles deberían ser los fines de la medicina. Los resumieron en cuatro:

1) La prevención de la enfermedad y las lesiones y la promoción y el mantenimiento de la salud.

2) El alivio del dolor y el sufrimiento causados por la enfermedad.

3) El cuidado y la curación de los enfermos y el cuidado de los que no pueden ser curados.

4) Evitar la muerte prematura y procurar una muerte plácida.

Dicho de otro modo: ante el hecho de que la enfermedad existe y que la muerte es una realidad inevitable, velemos por la salud, prevengamos las enfermedades, curemos lo que podamos, cuidemos a todos, evitemos el padecimiento de los enfermos y ayudémosles a morir en paz. Los cuidados paliativos dan respuesta a esos fines de la medicina: cuidar, evitar el dolor y el sufrimiento y procurar una muerte en paz, sin adelantarla y sin intentar retrasarla con medidas fútiles que se traducen en una obstinación terapéutica y un sufrimiento añadidos. Los cuidados paliativos tienen, como su nombre indica, el objetivo de cuidar a las personas y paliar los síntomas que les aquejan. Su objetivo es lograr la mejor calidad de vida posible para la persona enferma, cuando los tratamientos curativos van perdiendo eficacia. Y lo hacen con una visión que va más allá de la enfermedad y que integra aspectos psicológicos y sociales, tanto del paciente como de sus familiares.

Cualquier persona con una enfermedad avanzada, progresiva y compleja, con una expectativa de vida limitada, así como sus familias, han de poder acceder a los cuidados paliativos. No sólo las personas con cáncer son tributarias de ellos. Pacientes con otras patologías como demencias, enfermedades neurológicas, insuficiencia cardíaca que no mejora con los tratamientos disponibles… también lo son. La atención paliativa es llevada a cabo por diferentes profesionales (enfermería, medicina, psicología,…) que la prestan, según las necesidades del paciente, a domicilio o en un centro asistencial.

El Instrumento NECPAL-CCOMS-ICO 3.1, 2017 (Necesidades paliativas-Centro Colaborador de la Organización Mundial de la Salud - Instituto Catalán de Oncología, 2017) es una herramienta útil para la identificación precoz de las personas con un pronóstico de vida limitado y necesidades de atención paliativa. Se trata de proporcionar una atención integral, centrada en la persona, con una instauración gradual y progresiva de la atención paliativa. Su objetivo es favorecer la mejor calidad de vida posible. Se valoran, entre otros, indicadores como el declive nutricional, funcional o cognitivo; la dependencia severa; los síntomas geriátricos (caídas, dificultades en la deglución, presencia de úlceras por presión); la presencia de síntomas persistentes (dolor, disnea, trastornos digestivos); la presencia de más de dos enfermedades crónicas; el uso de recursos requeridos (número de ingresos en los seis últimos meses, necesidad de atención domiciliaria) y la presencia de indicadores específicos (cáncer, enfermedad pulmonar obstructiva crónica, demencia, enfermedades neurodegenerativas o, entre otras, la insuficiencia cardíaca, hepática o renal). Esa evaluación multidimensional servirá de base para el inicio de una serie de acciones, basadas en la atención integral de la persona, en la que se deben considerar los valores, preferencias y preocupaciones del paciente y de su familia, revisar el estado de la enfermedad, identificar al cuidador principal (y estar atento a su cuidado), favorecer la involucración de todo el equipo asistencial e identificar el responsable, definir el plan terapéutico a seguir y evaluar y revisar los resultados. Como se puede deducir de la lista anterior, los cuidados paliativos van más allá del tratamiento del dolor. La presencia de úlceras de decúbito, la dificultad para respirar, la presencia de aftas bucales o la dificultad para deglutir, el estreñimiento, las molestias por la sequedad de la piel, etc., son síntomas muchas veces presentes y causantes de malestar en los pacientes. También es importante el tratamiento de los aspectos psicológicos como la ansiedad o el miedo ante la cercanía de la muerte y la atención a las necesidades sociales (material ortopédico, transporte, formación a los cuidadores…).

Es importante cuidar a la persona enferma pero también lo es la atención a sus familiares. Una enfermedad avanzada, que comporta riesgo de muerte, afecta tanto al paciente como a su entorno, con reacciones que influirán, de forma positiva o negativa, en la evolución del proceso. Las experiencias previas vividas por el paciente y sus familiares, la capacidad para gestionar las emociones, la buena o mala relación entre los familiares o la repercusión social o económica que puede comportar la enfermedad serán causas que influirán en el proceso. También influirán situaciones como la negativa a aceptar la enfermedad, la «conspiración de silencio» (que algunas familias practican o demandan imponer para evitar que el paciente sea informado), la falta de cuidadores o de soporte a las personas cuidadoras (con el riesgo de derivar en trastornos de su salud o en la claudicación para seguir cuidando) o la sensación (real o no) de que no se está haciendo todo lo posible. Situaciones que se deberán afrontar con tacto y recursos a fin de reconducir la situación en beneficio de todos. Unos cuidados paliativos de calidad requieren de los recursos económicos, sociales, médicos, asistenciales necesarios. Requieren también de la formación de los profesionales en las cuestiones técnicas, en la adquisición de habilidades comunicativas y en dar las malas noticias o, entre otras, en la gestión de las emociones. También requieren de la formación de las personas cuidadoras profesionales y de la ayuda en la formación a los familiares cuidadores. Es importante, también, que la población tenga una información adecuada sobre las cuestiones y circunstancias relacionadas con el final de la vida y los recursos a su disposición.

La SECPAL (Sociedad Española de Cuidados Paliativos) en su documento resumen sobre la II Jornada de Educación en Cuidados Paliativos, celebrada en Madrid en abril de 2024, pone de manifiesto que *«aún queda un largo camino por recorrer para garantizar una atención paliativa y de calidad para todos».* Algunos de los mensajes clave que expusieron los diferentes ponentes fueron:

- El cuidado paliativo debe centrarse en tratar a la persona y su familia de manera integral.

- Es preciso mejorar los recursos disponibles y que se cuente con la colaboración de las asociaciones de los pacientes y sus familias. Pacientes y familiares deben llegar al proceso de enfermedad con la suficiente información de tal forma que puedan solicitar los cuidados de forma oportuna y temprana.

- Hay que evitar que los familiares cuidadores carguen en soledad con la responsabilidad de hacer frente al sufrimiento de un familiar con enfermedad avanzada o en el final de su vida.

- Hay que reivindicar que se garantice, como derecho universal, un soporte paliativo adecuado para todos.

- Se debe asegurar una formación adecuada al estudiantado de Medicina, Enfermería, Trabajo Social, Psicología y Farmacia.

- El voluntariado es importante en los cuidados. Se debe cuidar también a los cuidadores.

- Es necesaria una Ley Nacional de Cuidados Paliativos que sirva para evitar la desigualdad entre los ciudadanos de la diferentes comunidades autonómicas (Andalucía, Aragón, Navarra, Canarias, Baleares, Galicia, Euskadi, Comunidad de Madrid, Asturias y Comunidad Valenciana disponen de leyes propias).

Cuidados paliativos y eutanasia no son incompatibles. No es cierto, como aseguran algunos, que si hubiera unos buenos cuidados paliativos nadie solicitaría el suicidio médicamente asistido o la eutanasia. Los cuidados paliativos son un derecho universal, al que deben poder acceder todas las personas, pero su existencia no implica que no haya personas que opten por solicitar la prestación de ayuda para morir, algo que no debe ser visto como un fracaso de la atención paliativa. Lo que sí es cierto es que muchas más personas tendrán una muerte más digna y pacífica si existe una buena red de servicios de cuidados paliativos que den cobertura a todos los ciudadanos.

En las XIV Jornadas Internacionales de la Sociedad Española de Cuidados Paliativos, celebrada en Salamanca en octubre de 2023, se constató el hecho de que en España existe un déficit de recursos en cuidados paliativos. Sólo los recibirían un 40% de las personas que los necesitan.

En 2019 España contaba, según el Atlas Europeo de Cuidados Paliativos (Asociación Europea de Cuidados Paliativos) con 0.6 unidades por cada 100.000 habitantes (por debajo de países de nuestro entorno como Francia, Alemania, Italia, Portugal o Países Bajos), ocupando el lugar 31 de 48 países. La media europea es de 0.8 unidades por 100.000 habitantes. El número de unidades oscilaba, en ese momento, entre los 0 de Grecia o Uzbekistan y los 2.2 de Austria. El número recomendado por la Asociación Europea de Cuidados Paliativos es de 2, uno de atención domiciliaria y otro de atención hospitalaria, por cada 100.000 habitantes.

Derecho a la atención a la dependencia

Juan Carlos Unzué es un deportista español que en junio de 2020 anunció su retirada como entrenador después de ser diagnosticado de ELA (esclerosis lateral amiotrófica). En diferentes ocasiones ha manifestado lo clasista que es su enfermedad, las necesidades que comporta y de las dificultades que existen para cubrirlas y de cómo mucha gente prefiere morir para no ser una «carga económica» para sus familias, algo que, refiere, no deberíamos permitir como sociedad.

La ley de la dependencia (Ley 39/2006 de 14 de diciembre, de Promoción de la Autonomía Personal y Atención a las personas en situación de dependencia) se aprobó al *«objeto de regular las condiciones básicas que garanticen la igualdad en el ejercicio del derecho subjetivo de ciudadanía a la promoción de la autonomía personal y atención a las personas en situación de dependencia»*. La ley ampara tanto a las personas dependientes como a sus cuidadores, de tal forma que puedan disponer de las diferentes prestaciones que requiera su situación personal.

La ley no valora enfermedades (que ya tienen su cobertura sanitaria), valora las *«necesidades de las personas con limitación de su autonomía, valora personas dependientes»*. Pueden ser causa de dependencia tanto la edad como las enfermedades físicas o mentales. Se valoran las actividades y capacidades para comer y beber; regular la micción y la defecación; lavarse y otros cuidados corporales; vestirse;

las transferencias corporales como sentarse, levantarse o tumbarse, desplazarse dentro y fuera del hogar y la capacidad para tomar decisiones.

Se establecen tres grados de dependencia de acuerdo con un Baremo de Valoración de la Dependencia (a partir de ahora BVD). Estos grados son:

- **Grado I:** cuando la persona necesita ayuda para realizar varias actividades básicas de la vida diaria (a partir de ahora ABVD), al menos una vez al día, o tiene necesidades de apoyo intermitente o limitado para su autonomía personal. (De 25 a 49 puntos del BVD).

- **Grado II:** cuando la persona necesita ayuda para realizar varias ABVD dos o tres veces al día pero no requiere apoyo permanente de un cuidador, o tiene necesidades de apoyo extenso para su autonomía personal. (De 50 a 74 puntos del BVD).

- **Grado III:** cuando la persona necesita ayuda para realizar varias ABVD varias veces al día y, por su pérdida total de autonomía física, mental, intelectual o sensorial, necesita el apoyo indispensable y continuo de otra persona o tiene necesidades de apoyo generalizado para su autonomía personal. (De 75 a 100 puntos del BVD).

Para acceder a las prestaciones contempladas en la ley de la dependencia se han de cumplir los siguientes requisitos:

- Tener nacionalidad española.

- Residir en España durante al menos 5 años, dos de ellos inmediatamente anteriores al momento en que se realiza la solicitud.

- Disponer de la declaración y grado correspondiente de dependiente.

- Si la persona solicita ser atendida por un cuidador no profesional (persona del entorno familiar) los requisitos requeridos son:

- Residir en el mismo municipio o en una población vecina a la persona dependiente, al menos durante un año previo a la solicitud (puede haber alguna diferencia entre comunidades autonómicas) y con capacidad física y mental necesaria para poder prestar los cuidados necesarios.
- Asumir la responsabilidad de horarios, tareas y cuidados requeridos según el grado de dependencia.
- Favorecer el acceso de los servicios sociales.

La ayuda a la dependencia puede ser de dos tipos:
1) Servicios de:
- Promoción de la autonomía personal y ayuda a la prevención de la dependencia (programas de rehabilitación...).
- Teleasistencia.
- Ayuda a domicilio (para cuidados del hogar, limpieza, higiene,…)
- Centro de día
- Residencia a tiempo completo
2) Prestaciones económicas, que dependerán de la capacidad económica de la persona dependiente:
- Ayudas para cuidados en el entorno familiar, cuidadores no profesionales (habitualmente personas

de sexo femenino, que se hacen cargo de la atención de sus allegados y, en ocasiones, debiendo abandonar su centro de trabajo).
• Ayudas para contratar cuidadores profesionales.
• Prestación económica vinculada al servicio (cuando no es posible el acceso a un centro público).

Para tramitar la ayuda a la dependencia se puede solicitar la documentación en:
- Las oficinas de los servicios sociales de atención primaria del municipio o del centro de salud.
- La página Web del Departamento de Salud.
- Si se está ingresado en un centro, a través del servicio de Trabajo Social o de la dirección del centro.

La solicitud de la ayuda a la dependencia deberá acompañarse de la siguiente documentación:
- Datos personales y administrativos:
  • Fotocopia DNI/NIF de la persona en situación de dependencia
  • Fotocopia del DNI/NIF de la persona representante legal, o CIF de la entidad titular, si procede.
  • Fotocopia de resolución judicial, en caso de incapacitación, o poder notarial que acredite la representación legal, si procede.
  • Volante de empadronamiento que justifique 5 años de residencia en territorio español, de los cuales dos han de ser inmediatamente anteriores a la fecha de presentación de la solicitud.

- En el caso de un menor de 5 años, la documentación acreditativa será la de la persona que tenga la guardia y custodia.
- Documento firmado y sellado de la entidad bancaria que certifica la cuenta en la que, si es el caso, se recibirá la prestación económica. El paciente debe ser titular o cotitular de la cuenta y el documento debe haberlo emitido una oficina bancaria situada en el Estado español.
- Aunque no es obligatorio es adecuado presentar una «Declaración responsable» firmada que sirve para calcular la capacidad económica del solicitante y que debe recoger:
  a) Datos sobre la renta
  b) Datos sobre el patrimonio
  c) Datos a cargo de la persona solicitante
  d) Datos sobre la vivienda habitual
- Datos de salud:
  - Informe de salud original, de menos de los dos años anteriores, donde consten los diagnósticos vinculados con la dependencia.
  - Este informe ha de ser formalizado, fechado y firmado por el médico de asistencia primaria, el pediatra u otros especialistas.
  - En el caso de estar ingresado en una residencia o en un centro sanitario se ha de solicitar a los servicios médicos del centro.
  - En los casos vinculados a la red de salud mental el informe debe ser realizado por el psiquiatra de

referencia o los servicios médicos de la unidad en que esté ingresado el paciente.

- Documentación específica:
  - En el caso de personas con discapacidad valorada fuera de Catalunya, fotocopia del certificado de la persona con discapacidad con baremo de necesidad de tercera persona.
  - En caso de invalidez permanente, con grado de gran invalidez, fotocopia de la notificación de la revalorización de la pensión del año en curso o fotocopia del INSS de la situación de invalidez permanente con grado de gran invalidez.
  - En caso de persona emigrante retornada, fotocopia de la resolución de reconocimiento de persona emigrante retornada y documentación acreditativa de las pensiones que cobra en otros países.

La solicitud junto con la documentación indicada se puede entregar:

- En el registro más cercano al domicilio (servicios territoriales del Departamento de Derechos sociales, ayuntamientos, consejos comarcales).
- En las oficinas de correos.
- Si se está ingresado en una residencia, en un centro sociosanitario o en un centro de la red de discapacidad:
  - A la dirección del centro.
  - Al servicio del Trabajo Social del centro.

Una vez realizada la solicitud el paciente es valorado por los centros de valoración de la dependencia (SEVAD). Los profesionales a ella adscritos se trasladan al lugar de residencia del paciente (domicilio, residencia…) a fin de evaluar el grado de dependencia. El tiempo de resolución y notificación de la solicitud es de tres meses a partir de la fecha de registro de entrada. Se puede presentar recurso si no se está de acuerdo. Una vez reconocida la situación de dependencia, se diseña el Programa Individual de Atención (PIA) con el objeto de establecer los recursos que mejor se ajustan a las necesidades de la persona dependiente (en un plazo máximo de tres meses desde que se ha reconocido el grado de dependencia).

A efectos prácticos, es conveniente consultar con los profesionales de asistencia primaria y trabajo social para valorar las necesidades y tramitar, si es el caso, las ayudas a la dependencia. A pesar de la bondad de la ley, la realidad muestra retrasos inadmisibles en el tiempo para la recepción de las ayudas, dándose el caso de que cuando éstas llegan algunas de las personas solicitantes ya han fallecido.

El 17 de junio de 2024, *La Vanguardia* publicaba la información de la aprobación por el Consejo de Ministros de la primera Estrategia Estatal de Cuidados aprobada en la democracia. Esta ley se marca como objetivo, para el 2030, la erradicación de las macroresidencias, reformar la organización de las actuales y que ninguna persona dependiente tenga que abandonar su casa si no lo desea. La idea es que las personas puedan recibir las atenciones que necesiten en su domicilio, en su entorno y con su red social. En el caso de que no desee permanecer en él, o no sea posible por su grado de dependencia, se indica que los cuidados recibidos en las residencias sean respetuosos con los derechos personales de los residentes, dispongan de habitaciones con sus pertinencias y recuerdos y que sea preservada su intimidad y su derecho a decidir.

A fecha de 31 de marzo de 2024, en Catalunya, 205.525 personas eran beneficiarias de 250.873 ayudas a la dependencia con 137.251 servicios (centros de día, residencias, atención domiciliaria, teleasistencia, larga estancia de salud mental, residencia para personas con discapacidad, etc.) y 113.622 prestaciones (cuidador no profesional). Predomina el sexo femenino (63% mujeres, 37% hombres) y, por edad, poco más de 150.000 tienen más de 65 años y 108.563 tienen o superan los 80 años. El número de personas beneficiadas, según el grado de dependencia, es de 41.213 en grado III, 81.231 en grado II y 82.991 en grado I.

Según el XXIV Dictamen del Observatorio Estatal de la Dependencia, publicado en marzo de 2024, en los últimos tres años han aumentado en 287.636 las personas atendidas en el Sistema y se ha alcanzado la cifra de 1.567.107 con derecho a prestación a finales de 2023. La media de tiempo para la tramitación de un expediente es de 324 días (97 días menos que en 2020), aunque hay cuatro Comunidades (Canarias, Murcia, Andalucía y Galicia) que superan los 12 meses y sólo cinco (Ceuta, Castilla y León, País Vasco,

Cantabria y Navarra) están por debajo de los seis meses que establece la ley. A finales de 2023 había 296.431 personas en la lista de espera de la Dependencia (179.244 en espera de recibir la prestación o servicio y 117.181 esperando ser valoradas). En 2023, 40.447 personas fallecieron sin atención (18.454 pendientes de resolución de Grado y 21.993 esperando ser atendidas).

La ayuda media a domicilio es, en 2023, de 33.8 horas mensuales (57.9 horas para el Grado III) y 240.17 euros es la media que reciben los que cuidan a un familiar en situación de dependencia en su propio domicilio (369.6 euros en el caso de dependientes Grado III). La cuantía media de la prestación vinculada al servicio para una plaza residencial, en el caso de los dependientes de Grado III, es de 575 euros. En 2023, Catalunya, Andalucía, Comunidad Valenciana, Comunidad de Madrid, Extremadura, Asturias, Cantabria, Castilla y León y Murcia redujeron su aportación a la Dependencia. En julio de 2023 un decreto recogía una subida, para el 2024, del 17.6% para las ayudas para cuidados de personas dependientes en el entorno familiar.

El número de personas que necesita apoyo, de mayor o menor intensidad, para desarrollar las actividades básicas de la vida diaria es del 3.6% de la población española (1.567.107 personas ya reconocidas y 117.187 pendientes de valoración). El cuidado corre mayoritariamente a cargo de las mujeres (73%). Un 46.9% de las personas cuidadoras está en el rango de edad entre los 50 y 65 años y la relación de parentesco con la persona dependiente es hijo/a (34.4%), madres (24.3%), cónyuge (20.1%) y el resto, por orden descendiente, otras personas, hermanos, padre, yerno o nuera, nieto/a y compañero/a.

Derecho a mantener la esperanza y a poder expresar sus sentimientos y creencias y no ser juzgado por ello

En el mundo la religión predominante es el Cristianismo (2.400 millones de personas), seguida del Islam (1.400 millones), el Hinduismo (1.200 millones), el Budismo (535 millones), las religiones étnicas (475 millones) y la Religión tradicional china (407 millones). Otras religiones, ya minoritarias, serían el Judaísmo (14-18 millones), el Jainísmo (8-12 millones) y el Sintoísmo (4 millones). Unas 700.000 personas seguirían el Movimiento Rastafari y 630.000 el Satanísmo. Las personas sin religión sumarían unos 1.200 millones. Aunque algunas creencias están concentradas en pocos países, otras están dispersas por el mundo y no todas las personas adscritas a un movimiento religioso son practicantes. La facilidad para la movilidad, la busca de nuevas oportunidades o los cambios de residencia por trabajo o las migraciones, hacen que las sociedades sean cada vez más plurales y multiculturales, conviviendo en ellas personas de diferentes credos.

Se debe respetar el derecho de las personas a expresar sus emociones y manifestar sus dudas y temores. Dudas y temores que deben recibir respuestas claras y honestas. La esperanza es lo último que se pierde, decimos. Ayudar a mantenerla no justifica decir (para calmar la angustia o la ansiedad) cosas que no son, prometer aquello que no es posible o indicar tratamientos que son fútiles. El optimismo, que en ocasiones se desea transmitir y que no es acorde con la realidad, es tóxico y contraproducente. Tampoco está justificada la mentira y la verdad se debe dar de forma gradual y compasiva, adaptada al ritmo que cada uno necesita. Se deben prometer cosas factibles que den seguridad.

En ocasiones el temor no es tanto a la muerte como al hecho de no saber cómo vamos a morir. Es importante asegurar al paciente que no será abandonado en la asistencia, que se tratarán los síntomas que se puedan presentar, que se cumplirán aquellos deseos que sean factibles o que estará acompañado. Señalar aquí que, mientras que en las sociedades con dificultades para acceder a los servicios sanitarios el temor es no poder disponer de la atención sanitaria necesaria, en los países en los que ésta es accesible a todos los ciudadanos el temor es a morir solos.

También es importante que aquellas personas que lo deseen puedan acceder a la atención religiosa, o espiritual, en busca del soporte y consuelo que su fe, o sus valores, les puedan aportar. Para ello, se debe facilitar el acceso de las personas que cada creencia ofrece a sus fieles y los centros deben de disponer de espacios recogidos y confortables que permitan la intimidad suficiente para que los pacientes puedan reunirse con sus familiares, amigos, consejeros espirituales, etc. a fin de poder abordar y comentar, junto a ellos, las preocupaciones que les aquejan.

Derecho a recibir ayuda para sí mismo y su familia para afrontar la muerte

Cada uno es cada cual y no todas las personas disponen de la misma capacidad para afrontar de forma serena la muerte. Esto es así tanto para las personas en trance de muerte como para su familiares. Hay personas que mueren de forma repentina, lo que nos les permite plantearse su final; otras, consideran que han tenido una vida completa, que ya «lo han hecho todo», y esperan la muerte de forma tranquila; otras, que están en una fase inicial de sus proyectos, en lo que «todo está aún por hacer» y dónde la muerte viene a frustrar todo futuro; otras, en las que la muerte viene a ser una liberación de los padecimientos producidos por enfermedades largas y penosas; otras, en las que la muerte siempre es una afrenta insoportable...

Las enfermedades trastocan la vida de las personas que las padecen pero, también, la de las personas de su entorno que, en ocasiones, deberán modificar sus hábitos de vida y/o convertirse en cuidadores, con la carga de trabajo, dudas y temores que eso puede comportar. El apoyo psicológico, el soporte y la ayuda para no dejar asuntos pendientes, compartir los sentimientos con las personas de confianza, el diálogo abierto y franco sobre las preocupaciones de unos y otros, poder despedirse, disponer de los recursos necesarios que la persona enferma precisa, cuidar a los cuidadores familiares y favorecer su formación para reforzar su confianza en la actividad que realizan son factores que van a ayudar, a moribundos y familiares, a afrontar la muerte y a prevenir duelos patológicos.

El moribundo ideal sería aquel que tiene un buen autocontrol sobre el miedo, el dolor y la aflicción; que es buen compañero, solidario y agradecido, que es poco perturbador y está sereno. Los moribundos reales pueden estar alejados de ese moribundo ideal. Los hay que tienen miedo ante lo desconocido, o padecen un dolor no controlado o sienten aflicciones por situaciones no resueltas. Los hay que se vuelven multidemandantes y son poco agradecidos con las atenciones que se les prestan y los hay, desorientados, que profieren insultos a sus familiares, con el consiguiente desconcierto de los mismos. Situaciones que se deberán afrontar con atención a las necesidades específicas de los pacientes y con las explicaciones pertinentes a sus familiares, que se encuentran en situaciones que les desconciertan. Se trata de conseguir que la persona que fallece muera bien y de que sus familiares queden confortados y con la sensación de que ellos y los profesionales que han intervenido en la atención han hecho las cosas bien.

Derecho a morir en paz y dignidad

Son factores que ayudan a una muerte en paz y dignidad: el mantenimiento de la autonomía para poder decidir, un buen control de los síntomas (del dolor, de la dificultad para respirar, del control de la ansiedad…), los valores y las creencias que han dado sentido a nuestras vidas, el apoyo de la familia y los seres queridos, no dejar situaciones pendientes, poder despedirse y la sensación de haber realizado algo bueno. También influye, en una muerte en paz, que ésta se produzca en un entorno adecuado que permita la intimidad. Algunos factores dependen de otras personas pero, muchos de ellos, son fruto de nuestra actitud ante la vida.

Una muerte en el domicilio puede ser confortable si se dispone de los medios necesarios y el entorno familiar lo vive como algo bueno, sin angustias ni temores por no saber cómo se va a reaccionar ante una complicación. Una muerte en el hospital, en una residencia o en un centro sanitario también puede ser adecuada para aquellas personas que no disponen de soporte familiar (por la causa que sea) siempre y cuando se preserven su autonomía e intimidad y se ajusten las acciones a seguir a la situación evolutiva del paciente y sus valores.

Derecho a no morir solo

El 7 de mayo de 2024, *La Vanguardia* informaba de la exposición «Ser Mortal», en el Dom Museum de Viena.

La idea de la exposición es profundizar en la muerte como parte de la vida. Una de las obras expuestas, según el artículo, es una cortina hecha de varios hilos de los que cuelgan unas etiquetas en las que están escritos los nombres de las 200 personas que murieron en Viena en 2022 y nadie acudió a su funeral.

Es relativamente frecuente que los medios de comunicación informen sobre personas que han sido halladas muertas en su domicilio sin que nadie las haya echado en falta. Soledades fruto de la pérdida de amigos y familiares por fallecimiento, distancia o abandono. Todos recordamos las muertes de personas que murieron solas y sin poder despedirse de sus seres queridos durante la pandemia de la COVID y la carga de sufrimiento que ello supuso para moribundos y familiares.

No siempre va a ser posible no morir solo, ya que no todas las personas tienen personas cercanas que puedan, o quieran, estar a su lado. Los centros sanitarios son cada vez más sensibles a las etapas finales de la vida y van creando protocolos que permiten una mayor intimidad y acompañamiento de los pacientes, por parte de sus familiares, en esa fase final de la vida. Como anécdota histórica, recordar que, en el año 1878, un grupo de personas se organizaron en Manresa para formar la sociedad «La Humanitaria». Su objetivo era ir a las casas a asistir a los enfermos con un cuidadosa atención. Debían cuidarlos con cariño, servirles de alivio, vestirlos después de su fallecimiento, acompañarlos a la iglesia y luego al cementerio, hasta dejarlos en el sepulcro. El voluntariado de acompañamiento ha hecho, y hace, una labor admirable y es algo que debe ser promocionado socialmente. Más adelante, en el apartado sobre lo que es una buena muerte volveremos a abordar el tema de la soledad.

Derecho a que su cuerpo sea tratado con respeto después de la muerte.

El respeto al cuerpo de los muertos se remonta a la prehistoria de la humanidad como evidencian los estudios paleoantropológicos que han demostrado que, hace ya 40.000 años, los neandertales enterraban a sus muertos. Más cercanas a nosotros, y ya de nuestra especie, encontramos, como ejemplo de atención a los muertos, las momias precolombinas y egipcias (aproximadamente de unos 5.000 y 4.000 años de antigüedad respectivamente). Podemos encontrar más pruebas de ello en los restos de la cultura íbera o en las tragedias griegas, como Antígona (442 años a.C.) en la que su autor, Sófocles, pone en valor el deber de rendir honor a los fallecidos. Hay muchos más casos que, como los anteriores, son una muestra de las creencias en el alma y el más allá y de la importancia que tienen los rituales en el tratamiento del cuerpo de los difuntos.

Sin olvidar las normas, que por motivos de salud pública, rigen el tratamiento del cuerpo de la persona fallecida, el respeto al cuerpo obliga al trato cuidadoso del mismo en todas las acciones que se realicen después del fallecimiento. Esto incluye qué personas pueden realizar esos actos y los tiempos que debe haber entre el momento de la muerte y su inhumación o incineración. Hoy en día son los empleados de las empresas funerarias los encargados de preparar el cuerpo de los difuntos para su destino final. No existe una forma universal que rija el trato al cuerpo de los difuntos, dependiendo ésta de las diferentes culturas o creencias religiosas. A modo de ejemplo:

- **Catolicismo y otras confesiones cristianas:** las Iglesias Protestantes se anticiparon a la Iglesia Católica en la aceptación de la incineración. Ésta última sigue recomendando la inhumación y advierte de que, en casos de incineración, las cenizas no deben ser conservadas en casa ni esparcidas, debiendo ser depositadas en el cementerio o en un lugar sagrado.

- **Islamismo:** el cuerpo de la persona fallecida no puede ser tocado por personas de sexo opuesto, el cadáver debe ser lavado de forma ritual como forma de purificación y envuelto en un sudario blanco, para ser luego inhumado sin ataúd. No acepta la incineración.

- **Judaísmo:** hay dos leyes fundamentales a respetar: el honor y el respeto al difunto, por un lado, y el consuelo y soporte a los familiares, por otro. El cuerpo es sagrado ya que está creado a imagen de Dios y es la casa del alma. Cuando fallece una persona se avisa a la Jebrá Kadisha (la Santa Hermandad), formada por hombres y mujeres de reconocido nivel moral, que se encargarán de la atención del cuerpo y del entierro. El cuerpo, una vez purificado se envuelve, desnudo, en un sudario y es enterrado. Está prohibida la exhibición del cadáver. Aunque los grupos más ortodoxos prohiben la incineración, ésta es aceptada por otros más abiertos.

- **Hinduismo:** para el hinduismo la muerte no existe. La persona deja un cuerpo que ya no le sirve y pasa a otro hasta alcanzar la realización. En los rituales se pide a la persona que se vaya, que se aleje del cuerpo. La cremación (son muy excepcionales los entierros) sirve para destruir un cuerpo que ya ha cumplido su función.

Facilitaremos las acciones a realizar después de nuestra muerte si nuestros allegados conocen nuestros deseos y/o hemos dejado constancia de ellos en un documento de voluntades anticipadas. La decisión de ser donantes de órganos, la ropa con la deseamos ser vestidos, si deseamos velatorio o no, cómo se ha exponer nuestro ataúd en el tanatorio (abierto o cerrado), el tipo de funeral (civil o religioso) que deseamos, si preferimos ser incinerados o inhumados… son cuestiones que nos incumben y que podemos decidir y dejar constancia de ellas.

Cualquiera le puede quitar la vida a un hombre pero
nadie le puede quitar la muerte
Séneca

EL DOCUMENTO DE VOLUNTADES ANTICIPADAS O DE INSTRUCCIONES PREVIAS

Aunque no siempre es posible, a todos nos gusta elegir de acuerdo con nuestros gustos y preferencias. Lo hacemos continuamente: al comprar la ropa con la que nos vestimos, en qué actividades empleamos nuestro tiempo libre o, entre otras muchas, la cafetería que preferimos para reunirnos con nuestros amigos. Es muy común, también, realizar un testamento en el que dejamos constancia de a quien deseamos legar nuestras pertenencias o propiedades cuando muramos. En ese documento manifestamos cuál es nuestra voluntad y especificamos qué personas son las beneficiarias de nuestra decisión. La sociedad ha puesto los mecanismos necesarios para que nadie pueda contradecir nuestros deseos y cuando lo redactamos lo hacemos con la confianza, y seguridad, de que sólo nosotros, si así lo deseamos, podemos modificarlo. Todos sabemos que las circunstancias de la vida pueden llevarnos por otros caminos y que, con el paso del tiempo, podría ocurrir que nuestras preferencias fueran otras. Si eso sucede, podemos redactar un nuevo testamento, tantas veces como deseemos, sin mayor problema que el que supone abonar los honorarios del notario.

El documento de voluntades anticipadas (a partir de ahora DVA) es algo parecido a un testamento pero, en este caso, no estamos disponiendo sobre nuestros bienes materiales. En él estamos manifestando nuestros deseos, de acuerdo con los valores que han dado sentido a nuestra vida, de como deseamos ser tratados si se da el caso de que la enfermedad que nos afecta no nos va a permitir expresar nuestra opinión.

El DVA es un documento en el que una persona mayor de edad, con sus facultades para tomar decisiones preservadas, expresa, de forma libre, cómo desea ser tratado si llega el caso en que no pueda manifestar su opinión para decidir sobre las cuestiones que afectan a su vida y su salud. Aunque mayoritariamente se exige que la persona sea mayor de edad, hay algunas comunidades en las que ésta no se requiere. En Aragón pueden realizar un DVA los menores mayores de 14 años, con la asistencia de uno de sus padres o tutor legal; en Andalucía, los menores emancipados y en Baleares y la Comunidad Foral de Navarra, los menores emancipados o con 16 años cumplidos.

Existen también diferencias en el nombre que las diversas comunidades autónomas dan a este documento:

Documento de Voluntades Anticipadas (DVA) en Aragón, Baleares, Castilla-La Mancha, Catalunya, Euskadi, Navarra y la C. Valenciana; *Documento de Instrucciones Previas (IIPP)* en Asturias, Castilla y León, Galicia, La Rioja, Madrid y Murcia; *Voluntades Vitales Anticipadas* en Andalucía; *Manifestación Anticipada de Voluntade*s en Canarias; *Voluntades Previas* en Cantabria y *Expresión Anticipada de Voluntades* en Extremadura.

El DVA lo podemos realizar ante un notario, ante un profesional sanitario, ante un funcionario del registro o ante tres testigos mayores de edad y con capacidad de obrar. Esto varía según las diferentes comunidades. En Catalunya se puede realizar ante notario, ante tres testigos y ante un profesional sanitario; en Aragón, ante notario, dos testigos o ante el personal habilitado al efecto por la Dirección General de Derechos y Garantías de los Usuarios y en Andalucía, por citar algunos casos, sólo ante el personal administrativo del registro y con cita previa. Se puede consultar qué formas son aceptadas en las diferentes comunidades en la página web de la Fundación Priónicas.

Es importante que una vez realizado, se entregue una copia en el centro de salud de referencia y que se proceda a su registro, tanto en el de la propia comunidad autónoma como en el del Ministerio de Sanidad. Es conveniente que en la historia clínica del paciente conste, de forma visible, que se ha realizado un DVA. A fin de proteger la confidencialidad, los profesionales médicos siempre han de identificarse y deben tener motivos justificados para acceder a un DVA de un paciente.

Si la opción que elegimos es la de tres testigos éstos han de ser mayores de edad, no estar incapacitados y, dos de ellos, no pueden tener relación patrimonial con el otorgante, ni ser familiares de hasta segundo grado.

Antes de realizarlo, es conveniente consultar con un profesional sanitario para que nos oriente sobre los diferentes matices que puede incorporar, aunque luego podamos elegir cualquiera de las diferentes opciones para su realización. Si lo deseamos, podemos renovar, modificar o revocar el DVA, teniendo validez la última expresión del documento.

El DVA tiene diferentes apartados que incluyen los datos de identificación de la persona otorgante y las disposiciones que ésta desea que se tengan en consideración. A modo de ejemplo:

- Datos de identificación de la persona que lo redacta.

- Manifestación de que se realiza de forma libre y sin coacción alguna y de su deseo de que se tengan en cuenta las indicaciones que más adelante se expresan.

- Criterios que se desea se tengan en cuenta, ya que se consideran importantes como proyecto y calidad de vida como, por ejemplo: la posibilidad de comunicarse y relacionarse con otras personas; no padecer dolor, ya sea físico o psíquico; la posibilidad de mantener la independencia funcional; etc.

- Que se respeten los criterios mencionados en situaciones como: enfermedad irreversible que, en plazo breve, conduzca a la muerte; estado avanzado de enfermedad de pronóstico fatal; un estado de demencia avanzado; etc.

- Instrucciones como: no prolongar artificialmente la vida; que se suministren los fármacos necesarios para paliar el dolor, el malestar y el sufrimiento, físico o psíquico; que se garantice una muerte en paz; el deseo de ser acompañado por familiares o personas cercanas; el no ser trasladado, en el final de la vida, del lugar habitual de residencia o el deseo de recibir asistencia espiritual o el de ser donante de órganos…

- También se puede dejar constancia de que se realice la prestación para la ayuda para morir (eutanasia, suicidio médicamente asistido) en previsión de que se presenten circunstancias en las que no desearíamos seguir viviendo y no pudieramos manifestar nuestra opinión personalmente. Si se ha dejado constancia explicita de ello, el representante nombrado por nosotros en el DVA puede iniciar los trámites para solicitar la prestación.

- En el caso de que la opción elegida para su redacción sea la de tres testigos éstos también deberán ser identificados y firmar el DVA.

- Cómo no es posible prever todas las situaciones que se pueden presentar es importante nombrar un representante, que sea de nuestra confianza y que conozca nuestros valores, para que si nosotros no podemos manifestar nuestra opinión sea esa persona la que, como su nombre indica, nos represente y actúe en nuestro nombre. Esta persona puede ser un familiar o no y su opinión es la que deberá ser tenida en consideración por los diferentes profesionales. Es importante nombrar también un representante suplente.

Existen diferentes modelos de DVA que pueden ser utilizados, o servir de guía, para realizar aquel que se ajuste mejor a nuestras preferencias. Una muestra de ellos:

- DVA de la Generalitat de Catalunya - Comitè de Bioètica de Catalunya.
- DVA de la Asociación Derecho a Morir Dignamente.
- DVA de la Conferencia Episcopal Española.

Cada uno es el propietario de su propia vida y, sólo cada uno, puede decidir lo que considera lo mejor para él. No hay elecciones mejores o peores. Sólo hay elecciones realizadas libremente o no. Las disposiciones establecidas en un DVA son de obligado cumplimiento si no contravienen la legislación vigente o la buena práctica clínica.

Según datos del Ministerio de Sanidad había, en enero de 2024, 454.533 inscripciones en en el Registro Nacional de Instrucciones Previas. Por nacionalidad, 416.575 son españoles y 37.958 extranjeros. Por sexo predominan las mujeres (279.035) sobre los hombres y no consta el sexo en 12.638 casos. Según datos del padrón municipal referidos a 1 de enero de 2023, la población en España era de 48.022.515 personas. La comunidad con más documentos registrados es Catalunya con 127.823, con una tasa por mil habitantes del 16.16. Esa tasa oscila entre el 1.22 por mil habitantes de las Ciudades Autónomas de Ceuta y Melilla y el 26.09 por mil de la Comunidad Foral de Navarra, siendo la tasa media para España del 9.46 por mil. A medida que aumenta la franja de edad se observa un aumento progresivo de las inscripciones, de 78 inscripciones en menores de 18 años a 272.286 en mayores de 65. Cabe señalar que sólo las CC.AA. de Navarra, Andalucía, Baleares y Aragon permiten, con algunas diferencias entre ellas, la inscripción de menores de 18 años.

Déjenme morir mi propia muerte
Rainer María Rilke

LA EUTANASIA Y EL SUICIDIO MÉDICAMENTE ASISTIDO

Ramón Sampedro (1943-1998) se fracturó la séptima vértebra cervical, a los 25 años, al lanzarse de cabeza al agua en la playa de As Furnas. Esa lesión le causó una tetraplejia que le impidió la movilidad de manos y piernas por lo que requirió, a partir de ese momento, los cuidados de otras personas. Era marinero y había viajado por todo el mundo, actividad que ya no pudo continuar realizando. Sampedro defendía el derecho de cada persona a disponer de su propia vida y, siendo consciente de su situación, manifestó su deseo de que se le permitiera morir de una forma digna. Para lograrlo inició un largo camino judicial que no atendió su petición. Tampoco contaba con el apoyo de su familia. De acuerdo con su sentido de lo que, para él, era una vida de calidad y en defensa de su derecho a disponer de su vida, optó por el suicidio con cianuro. Como no podía llevarlo a cabo sólo, necesitó de la ayuda de otras personas. La recibió de Ramona Maneiro y 10 personas más. Se planificó un plan y cada una de ellas realizó una parte del mismo. Se inició con la compra del cianuro y acabó con un vaso que lo contenía puesto a su alcance. Se preparó todo para que quedara grabado el momento en el que él lo ingeriría. Antes de morir manifestó que era plenamente consciente de sus actos y que nadie debería ser culpado por ello. Murió el 12 de enero de 1998 de una muerte dolorosa causada por el tóxico ingerido. Ramón Sampedro había relatado, previamente, sus pensamientos en dos libros: *Cartas desde el infierno* (1996) y *Cando eu caia* (1998) y su vida, y su lucha, fue llevada a la gran pantalla por Alejandro Amenábar, en su película *Mar adentro*, en el año 2004. Esta película recibió varios premios Goya y el Oscar a la mejor película extranjera. Su muerte pudo ser vista, parcialmente, el 4 de marzo de 1998 en televisión. En esas imágenes se pudieron apreciar los signos del padecimiento. Éste hubiera podido ser evitado de haber existido la prestación de ayuda para morir.

La Ley Orgánica 3/2021, de 24 de marzo, de regulación de la eutanasia (a partir de ahora LORE), entró en vigor en junio de 2021, tres meses después de su publicación en el Boletín Oficial del Estado. Según el barómetro del CIS de enero de 2021 un 72.4% de los españoles apoyaba la ley frente un 15% que se posicionaba en contra. Por grupos de edad eran los jóvenes, de entre 25 y 34 años, los más favorables a esta medida (un 84.3%) y los mayores de 65 años los que menos (un 56.4%). Más del 90% de los encuestados eran conocedores del primer paso de la aprobación de la ley por el Congreso de los Diputados, en diciembre de 2020. Después de su paso por el Senado, sería aprobada definitivamente por el Congreso de Diputados en marzo de 2021. En Cataluña, un 83% de los más de 4000 profesionales de Medicina, Enfermería, Trabajo Social y Psicología que participaron en una encuesta, realizada por el Departamento de Salud a principios de 2021, se mostró favorable al reconocimiento del derecho a la eutanasia y a que este derecho estuviera regulado.

La LORE viene a reconocer una demanda, largamente reiterada en el tiempo, de una parte de la sociedad española y la de grupos, como la Asociación Derecho a Morir Dignamente (a partir de ahora DMD), que realizaron, y continuan en ello, una amplia labor en favor del derecho de las personas a poder decidir sobre su propia vida y a poder morir dignamente.

El camino no ha sido fácil y su aprobación ha tenido que vencer el rechazo de asociaciones provida y estamentos religiosos que, en defensa de una determinada moral, se han opuesto a la misma. Nadie puede poner en duda, ni limitar su derecho a manifestar su opinión, defender sus ideas y vivir de acuerdo con ellas. Pero nada de eso implica que, en el contexto de una sociedad plural, puedan imponer sus opiniones al resto de la población. El derecho a una prestación no obliga a nadie a disponer de ella en contra de su voluntad. Al igual que las leyes que permiten el divorcio, el aborto o casarse con una persona del mismo sexo no obligan a nadie ni a divorciarse, ni a abortar ni a casarse con una persona de su mismo sexo, la LORE no obliga a nadie, ni tampoco nadie debe temer que se le aplicará sin su consentimiento libre y explícito, a recurrir a la prestación para la ayuda a morir.

Otra acusación que se ha hecho en contra de la eutanasia ha sido la de que abre la puerta a que sean eliminadas personas con demencias, ancianas y/o discapacitadas en contra de su voluntad. Llamar eutanasia a lo que es un crimen, y utilizar ese argumento y esos hechos para desacreditarla, es una forma deshonesta de tergiversar la realidad. Esa idea bebe de fuentes del régimen nazi en el que, bajo el erróneo nombre de eutanasia, se exterminó a miles de personas con discapacidades físicas y/o psíquicas y que, evidentemente, en ningún momento habían solicitado que se les diera muerte. La ley establece las suficientes garantías para que sólo se realice la prestación a aquellas personas, con capacidad para decidir preservada, que de forma voluntaria y libre la hayan solicitado y después de verificar que los motivos que aportan en su solicitud se ajustan a las condiciones establecidas para acceder a la prestación.

El derecho a la eutanasia plantea la cuestión sobre el derecho a la vida. Para algunas personas, la vida es un don recibido de un ser superior y debe ser considerada sagrada. Esas personas consideran, y defienden, que no somos propietarios de ella y, por tanto, no podemos decidir ponerle final. Para otras, el derecho a la vida no nos vendría dado por nadie y pertenece a cada cual. Vivimos en una sociedad plural que pone en valor el respeto y la promoción de los derechos humanos y, por tanto, el respeto a la autonomía, intimidad y dignidad de la persona. En ese contexto podemos entender el derecho a la vida como un derecho a que nadie atente contra ella y a que nos permitan vivirla, o dejarla de vivir, de acuerdo con los valores que para nosotros le han dado sentido. La cuestión no sería si deseamos vivir o no. Solemos desear vivir, pero de lo que se trata es de poder decidir si, en un momento dado y en unas circunstancias determinadas, deseamos seguir viviendo, o no. Calidad de vida o cantidad de vida, algo que sólo cada uno puede decidir para sí mismo y que no podemos extrapolar a los otros. Es bueno para nosotros lo que para nosotros consideramos que lo es, pero eso no tiene que ser visto así por otras personas que, en la misma situación, pueden considerar otras opciones. Se trata de reconocer el derecho de las personas a su autonomía, intimidad y dignidad, de reconocer su derecho a decidir en libertad las cuestiones que les atañen.

La LORE recoge dos formas de prestación de ayuda para morir: la eutanasia y el suicidio médicamente asistido. La eutanasia es la actuación médica que, a petición expresa, reiterada e informada de una persona, con un padecimiento insoportable, provocado por una enfermedad irreversible e incurable, se realiza al objeto de provocar la muerte de una forma rápida e indolora. El suicidio médicamente asistido se diferencia de la eutanasia en que, mientras en la eutanasia son los profesionales sanitarios los encargados de administrar los fármacos que van a causar la muerte, en el suicidio médicamente asistido es el paciente quien, bajo supervisión médica, se los autosuministra.

No debemos confundir la eutanasia ni con el rechazo al tratamiento, ni con la sedación paliativa en la agonía. El derecho a rechazar un tratamiento, aunque pueda provocar la muerte (como en el ejemplo citado páginas atrás) es una opción reconocida y que debe ser respetada ya que nadie, salvo excepcionales situaciones que comportan riesgo para la salud pública, puede ser obligado a seguir un tratamiento si no lo desea. La sedación en la agonía se diferencia de la eutanasia en el objetivo, los fármacos empleados y el resultado. Mientras que en la sedación en la agonía se pretende, y se consigue, aliviar los síntomas refractarios a otros tratamientos, en la eutanasia la intención y el resultado es provocar la muerte, siendo los fármacos utilizados diferentes en uno y otro caso. Tampoco debemos confundir la eutanasia con el homicidio por compasión, que se da cuando, movidos por un sentimiento compasivo, se provoca la muerte de un paciente, en situación de gran sufrimiento, sin conocer antes su voluntad y sin tener su permiso expreso para llevar a cabo tal acción.

Se ha asociado el término «muerte digna» y «eutanasia» debido a que las acciones llevadas a cabo para pedir su legalización se han basado, principalmente, en reclamar el derecho a morir con dignidad. La eutanasia es una forma más de muerte digna pero no es la única. Una muerte digna es aquella que acontece de acuerdo con los valores, creencias y sentido de dignidad de cada persona. Dicho de otro modo, tan muerte digna es aquella que acontece siguiendo un tratamiento de cuidados paliativos, como la del que, voluntariamente, ofrece su sufrimiento a su dios, como la que deviene de la práctica eutanásica. De lo que se trata es de que nadie imponga su concepto de muerte digna a los demás y de que cada uno pueda vivir el proceso de morir y su muerte de acuerdo con su concepto de dignidad.

Según la LORE los requisitos para solicitar la prestación de ayuda para morir son: tener mayoría de edad, ser capaces y conscientes en el momento de la petición, tener nacionalidad española, o una residencia legal en España, o un certificado de empadronamiento que acredite un tiempo de permanencia en territorio español superior a doce meses y sufrir una enfermedad grave e incurable o un padecimiento grave, crónico e imposibilitante, definidos por la propia ley en su artículo 3:

- **Padecimiento grave, crónico e imposibilitante:** aquella situación que hace referencia a limitaciones que inciden directamente sobre la autonomía física y actividades de la vida diaria, de manera que no permite valerse por sí mismo, así como sobre la capacidad de expresión y relación, y que llevan asociado un sufrimiento físico o psíquico constante e intolerable para quien lo padece, existiendo seguridad o gran probabilidad de que tales limitaciones vayan a persistir en el tiempo sin posibilidad de curación o mejora apreciable. En ocasiones puede suponer la dependencia absoluta de apoyo tecnológico.

- **Enfermedad grave e incurable:** aquella que por su naturaleza origina sufrimientos físicos o psíquicos constantes e insoportables, sin posibilidad de alivio que la persona considere tolerable, con un pronóstico de vida limitado, en un contexto de fragilidad progresiva.

La solicitud para recibir la prestación para la ayuda a morir sólo la puede realizar la persona que la va a recibir. Nadie puede suplantarla. Ante un caso de demencia o capacidad para decidir limitada, nadie debe temer, como algunos falsamente proclaman, que se le practique la eutanasia. Pero sí que deberá ser respetada la petición de aquellas personas que, estando conscientes y con su capacidad para decidir preservada, hicieron constar ese deseo en un DVA por si llegara el momento en que ellas ya no pudieran decidir. Si se da esa situación, será el representante por ellas designado el que podrá tramitar la solicitud, que deberá ser considerada y llevada a cabo si se ajusta a las condiciones previstas en la ley.

El primer paso para solicitar la prestación para la ayuda a morir será ponerse en contacto con un médico para que inicie los trámites. Lo habitual es que el solicitante acuda a su médico de asistencia primaria o al especialista que le está tratando. Si se da el caso de que ese médico ha hecho objeción de conciencia, podrá negarse a ello pero deberá informar al paciente de adónde puede dirigirse para que su derecho a la prestación sea preservado. La objeción de conciencia es personal y debe obedecer a los valores morales del profesional. No puede ser utilizada como excusa, por falta de formación o exceso de trabajo ni tampoco para limitar, o retrasar, el acceso a la eutanasia de la persona solicitante. Es conveniente que los profesionales objetores hayan registrado su condición de objetores, no debiendo ser penalizados, ni discriminados, en ningún caso por ello.

La persona solicitante deberá expresar su voluntad por escrito ante el profesional que le atiende y que será el *médico responsable* de iniciar los trámites. Éste deberá explicarle y facilitarle información escrita sobre las posibilidades de tratamiento, de los posibles resultados esperables, de los cuidados paliativos y de las prestaciones a las que puede acceder de acuerdo con la normativa de atención a la dependencia.

Pasados 15 días, el solicitante deberá reafirmarse en su solicitud. Los documentos de la solicitud deberán ser firmados por el solicitante en presencia de un profesional sanitario, que los rubricará. Si se cumplen las condiciones establecidas para ello (el interesado actúa libremente sin presiones ni coacciones externas, ha sido informado de las posibles alternativas, se han resuelto, si las hubiere, sus dudas y su situación se ajusta a las condiciones previstas por la ley) la persona solicitante deberá firmar un documento de consentimiento informado para formalizar su deseo de continuar el proceso o, si fuera el caso, para desistir.

Si el paciente se reafirma en su decisión de continuar, el *médico responsable* deberá consultar con otro profesional, el *médico consultor*, que debe ser externo a su equipo y experto en la patología que afecta al paciente. Su función será revisar los datos aportados y examinar al paciente y, si es el caso y en un plazo máximo de 10 días, corroborar que se cumplen los requisitos para realizar la prestación.

Una vez el *médico consultor* ha corroborado que se cumplen los requisitos, debe realizar un informe que se comunicará al paciente. El *médico responsable* lo deberá trasladar a la presidencia de la Comisión de Garantías y Evaluación (a partir de ahora CGE). Esta comisión es multidisciplinar y debe estar formada por un mínimo de siete miembros. Debe incluir profesionales de la medicina, enfermería y el derecho. También son idóneos los psicólogos, trabajadores sociales y los expertos en bioética. La composición de la misma puede variar según las diferentes comunidades.

En un plazo máximo de dos días, el presidente de la CGE nombrará un profesional médico y un jurista (lo que se denomina la *dupla*) para que «*verifiquen si concurren los requisitos y condiciones establecidos para el correcto ejercicio del derecho a solicitar y recibir la prestación de ayuda para morir*». La dupla deberá emitir un informe en un plazo máximo de siete días naturales. Si hay discordancia entre los dos miembros será el pleno de la CGE el encargado de tomar la decisión definitiva. El informe será comunicado al médico responsable en un plazo máximo de dos días, para proceder, si es favorable, a realizar la prestación.

Puede darse el caso que tanto el *médico responsable*, como el *médico consultor*, como la *dupla* consideren que no se reúnen los criterios para acceder a la eutanasia. Si eso ocurre el paciente puede recurrir la decisión a la CGE o, si es ésta la que deniega la prestación, a la jurisdicción contencioso administrativa.

La prestación se llevará a cabo por el médico que ha asumido realizar el proceso y que será el encargado de administrar los fármacos que, de forma indolora, van a causar la muerte (eutanasia), o de facilitarlos al paciente, para que sea éste quien se los autosuministre (suicidio médicamente asistido).

El paciente puede elegir el lugar dónde llevar a cabo la prestación (domicilio, hospital, centro sociosanitario) y deberá estar acompañado en todo momento y hasta el final de su vida por el médico que ha asumido el compromiso de ayudarlo a morir. Finalizada la prestación, el *médico responsable* enviará a la CGE los documentos relativos a todo el proceso. A efectos legales, la muerte constará como muerte natural a todos los efectos y así deberá quedar reseñado en la historia clínica.

Se debe asegurar en todo momento la intimidad de las personas que acceden a la prestación de la ayuda para morir así como la confidencialidad de sus datos.

El paciente puede, si así lo desea y en cualquier momento del proceso, renunciar y retractarse de su petición.

La LORE es una ley garantista, tanto para los profesionales como para los pacientes. Requiere una evaluación previa de dos profesionales y la verificación de la CGE, antes y después, de la prestación (en algunos países la verificación de la CGE no es necesaria antes de realizar la prestación). Aunque la verificación previa tiene el inconveniente de que puede retardar el tiempo para que el paciente acceda a la eutanasia, este doble proceso de evaluación fortalece el hecho de que no se va aplicar la ayuda a morir a nadie que no lo haya expresado de forma consciente, libre y reiterada y que la persona solicitante reúne los requisitos necesarios para acceder a ella.

La eutanasia y el suicidio médicamente asistido permiten que las personas puedan afrontar su vida con la tranquilidad de disponer de una salida, si llega el momento en que el sufrimiento o el padecimiento causado por la enfermedad se vuelve insoportable para ellos. Es importante que el paciente haya hablado con sus familiares y, si el paciente lo desea, que también lo hayan hecho los profesionales que van a intervenir en el proceso. Se deben comentar las dudas y disipar los temores para que, en todo momento, quede asegurado el derecho del paciente a elegir, de forma libre y sin coacciones, entre seguir adelante o retractarse, preservando su dignidad y atentos a que sus familiares queden confortados.

La LORE supone también una práctica nueva para los profesionales sanitarios. Es importante que se facilite la formación de los mismos, que los centros sanitarios cuenten con protocolos de como actuar ante una solicitud de eutanasia y que existan grupos de apoyo, o de consulta, que den respuesta a las posibles dudas que, razonablemente, se les puedan presentar.

Algunas críticas que se han hecho a la ley son el largo intervalo (una media de 75 días a nivel estatal), que hay desde que se inicia la solicitud hasta el momento en que se realiza la prestación (lo que conlleva que algunos pacientes mueran en la espera), que el *médico consultor* no pueda ser del equipo, la falta de colaboración de algunas entidades privadas o el mal manejo de la objeción de conciencia.

Otra cuestión que se ha planteado/se plantea en relación a la eutanasia es el acceso a la misma de los menores maduros y, especialmente, de los menores en la franja de edad entre los 16 y 18 años. La ley española no recoge estos supuestos. En Europa, el acceso a la eutanasia en menores, es aceptada en Bélgica desde 2014 y en Países Bajos desde abril de 2024.

La evaluación de la DMD, publicada en junio de 2024, sobre la LORE, valorando los tres años de su entrada en vigor, plantea tres retos en el desarrollo de la misma:

1) Una mayor trasparencia:
- Que todas las comunidades autónomas publiquen un informe anual con un modelo con unos mínimos contenidos e indicadores comunes, que permita la comparación entre ellas.
- Mejorar la calidad del informe anual del Informe de Sanidad tanto en la selección y tratamiento de datos, como en su interpretación.

2) Evitar la desigualdad entre comunidades autónomas.

3) Favorecer el trabajo colaborativo entre las diferentes comunidades autónomas y actualizar el Manual de Buenas Prácticas con las medidas que deberían ser incluidas en su revisión y que ya fueron remitidas al Ministerio de Sanidad en enero de 2024:

- Registro de todas las solicitudes de eutanasia desde la fecha de su presentación.
- Suprimir la recomendación de que el médico consultor no haya tenido relación asistencial previa con el paciente.
- Reconocimiento del trabajo de los profesionales de atención primaria y liberación de agendas.
- Recomendar que los miembros de la CGE no sean objetores.
- Mejorar los datos de la memoria del Ministerio de Sanidad: incluir todas las solicitudes, motivos de denegación, causas de fallecimiento durante la tramitación y tasas de eutanasia (según el total de fallecimientos anuales).
- Proponer un modelo de informe para todas las comunidades autónomas y una fecha de publicación.
- Impulsar la Comisión Estatal de la Eutanasia, e invitar la DMD.

Calidad y cantidad de vida no son necesariamente incompatibles. Hay momentos, sin embargo, en los que una persona puede optar por una pérdida de cantidad de vida al considerar que la misma no le aporta, según sus valores, una calidad suficiente. Este hecho, que debe ser respetado aunque no necesariamente compartido, no debería ser la consecuencia de una falta de los recursos básicos que se requieren para llevar una vida digna. No se debe juzgar la opción de un paciente a terminar con su vida, pero sí que debemos, como sociedad, asegurar el acceso a los recursos sanitarios y sociosanitarios y a los cuidados paliativos a todo aquel que los necesite, de tal forma que su falta no sea la causa del deseo de morir.

Es importante señalar aquí que, si bien la medicina no lo puede solucionar todo, los avances médicos van aportando soluciones a patologías que antes no disponían de un tratamiento eficaz. *La Vanguardia* publicaba, el 16 de julio de 2024, que 3 personas que habían solicitado la eutanasia, por un dolor neuropático insoportable, habían renunciado a la misma tras ser sometidas a un nuevo tratamiento que combina una intervención neuroquirúrgica de estimulación cerebral profunda con terapia cognitiva conductual. Este tratamiento no suprimió totalmente el dolor pero lo hizo soportable. Una cuarta persona renunció a esta posibilidad terapéutica y optó por la eutanasia. Se trata de una técnica con pocas evidencias que avalen su práctica por lo que habrá que esperar a ver su recorrido, la evolución de éstos pacientes en el tiempo y (como indican los autores del artículo publicado en la revista *Neuromodulation*, Gloria Villalba y Juan Ramón Castaño) «*la consideración de los comités de ética en el papel de tratamientos con baja evidencia pero que han mostrado resultados positivos en algunas poblaciones de pacientes*».

Según el informe de mayo de 2023 de la Comisión de Garantías y Evaluación de Catalunya (a partir de ahora CGAC), 175 personas solicitaron la prestación en 2022 y se realizaron 91. La mayoría de solicitudes (67%) las recibieron los médicos de familia, que llevaron a cabo el 70% de las prestaciones. Las causas mayoritarias fueron las enfermedades neurológicas, seguidas de las oncológicas. También se realizó la prestación a un paciente con una depresión mayor recurrente y refractaria al tratamiento y a uno con demencia. Además del equipo asistencial, la mayoría de los pacientes estaban acompañados de familiares y amigos. El informe destaca la implicación de los profesionales médicos, de enfermería, psicología y trabajo social en todo el proceso y el acompañamiento y soporte dado a pacientes y familiares. El tiempo medio entre la primera solicitud y el informe de la CGAC fue de 40 días. La Comisión considera cuestionables la presencia, en ocasiones, de un amplio número de profesionales en el momento de la prestación y la dificultad para gestionarla por parte de profesionales, que si bien no se habían manifestado como objetores, no supieron dar respuesta a la solicitud, lo que provocó una demora, y un aumento del sufrimiento, al alargarse el proceso. Recuerda, también, que el tiempo, el lugar y las circunstancias de realización las debe decidir el paciente y que siempre debe preservarse su intimidad y dignidad. A finales de septiembre de 2023, el número de solicitudes recibidas era de 410, se habían practicado 195 prestaciones, 110 personas murieron durante el proceso de valoración, 32 fueron informadas desfavorablemente, 7 revocaron la solicitud y el resto o bien han aplazado la aplicación o siguen los trámites. Se atienden unas 17 solicitudes mensuales lo que hace previsible que a finales de 2023 el acumulado de solicitudes supere las 430.

A nivel estatal, los datos publicados por el Instituto Nacional de Estadística el 27 de junio de 2023, muestran que, en 2022, la eutanasia se practicó a 260 personas (134 hombres y 126 mujeres). El 78.1% tenía más de 60 años. Las causas más comunes fueron una enfermedad del sistema nervioso (117 personas, de las cuales un 41.9% padecía una esclerosis lateral amiotrófica, un 11,1% una esclerosis múltiple y un 8.5% Parkinson), seguidas por el cáncer (74 personas).

Según el informe de DMD de junio de 2024, en 2022 se contabilizaron 528 solicitudes, 152 murieron durante la tramitación y en 105 casos la solicitud fue denegada por el médico responsable, el médico consultor o la dupla de la CGE . 61 personas reclamaron y la CGE le dio la razón a 23. Resaltan el retardo del proceso, con un media de 75 días desde que se inicia la solicitud.

Según datos recabados por el Ministerio de Sanidad y DMD el número de solicitudes en 2023 fue de 727 y se realizaron 323, con diferencias según las comunidades. Catalunya, País Vasco y Navarra van a la cabeza y Galicia, Murcia, Extremadura y Castilla-León a la cola de muertes por eutanasia, lo que, según la DMD, sería una muestra de desigualdad de acceso entre las diferentes comunidades.

No creo que nadie pueda decir que no piensa en la
muerte. Lo sabemos desde muy jóvenes y es una cosa que
no podemos cambiar. Moriremos. Es la única cosa que
es segura. Por eso quizá deberíamos emplear más tiempo
en aprender a vivir.
Charlotte Rampling

UNA BUENA MUERTE

El año 2013 el ministro de finanzas japonés Taro Aso manifestó que se debería permitir a los ancianos darse prisa en morir a fin de reducir la presión que suponía el alto coste de la atención médica en este grupo de población. No sabemos si, en aquel momento, el ministro tenía en su mente la película *La leyenda del Narayama* de Shohei Imamura, ganadora de la Palma de Oro del Festival de Cine de Cannes en 1983. Esta película está ambientada en una sociedad rural y pobre, de hace uno o dos siglos, en la que la supervivencia depende de los brazos disponibles para trabajar. En ella se relata la historia de una familia en la que la persona más anciana, Orin, pierde los dientes. Este hecho va a comportar que su hijo la lleve a la cima del monte Narayama a morir, lo que permitirá a la familia subsistir al haber una boca menos a alimentar. La desafortunada y reprobable opinión del ministro es una forma de edadismo, es decir, de discriminación por la edad. Sin que haya ninguna justificación posible a sus palabras, el ministro estaba evidenciando una realidad: cada vez las personas vivimos más años y esos años de vida se acompañan, en muchas ocasiones, de enfermedades crónicas con un aumento de la fragilidad y la vulnerabilidad, que van aumentando a medida que vamos envejeciendo y que suponen un reto a la sociedad, por la necesidad de destinar recursos a su atención. Evidentemente la solución no es dejar, o desear, que mueran esas personas. Al contrario: una sociedad, respetuosa con los derechos humanos y cuidadora, lo que debe hacer es establecer los mecanismos necesarios para la protección de todos los grupos de población, tanto más aún cuanto más frágiles y vulnerables sean. Entre esos grupos están las personas mayores, personas que con su trabajo y esfuerzo han hecho avanzar la sociedad en la que viven y que, en ese momento, requieren que esa sociedad dé respuesta a sus necesidades.

Según datos del Instituto Nacional de Estadística, la esperanza de vida al nacimiento, en el período 2002-2022, ha pasado de 76.4 a 80.4 años en los hombres y del 83.1 a 85.7 años en las mujeres. La prospección de estos datos estima que, en 2035, se alcanzarían los 83.2 años en hombres y los 87.7 años en mujeres de media y que, en el año 2071, la esperanza de vida sería de 86 y de 90 años respectivamente. En el año 2022 más de medio millón de personas en España superaba los 90 años de edad y 19.639 los 100 (en 2012 superaban esa edad 11.156 y se estima que en 2033 la superarán unas 40.000 personas). Junto con una buena genética, favorecen esta situación la mejoría de las condiciones sociales y del entorno, una mayor protección en las actividades laborales, el estilo de vida, una mayor acceso a los recursos sanitarios y la existencia de tratamientos más eficaces.

Aunque podemos morir jóvenes es mucho más probable que la muerte nos acontezca en la vejez. Cada caso es cada caso y todos conocemos situaciones en que esa etapa de la vida es vivida, con diferentes matices, de una forma gozosa y satisfactoria y otras en las que es vivida de forma penosa y triste. La pérdida de recursos económicos (en ocasiones con pensiones no ajustadas para cubrir adecuadamente las necesidades básicas) y la presencia de enfermedades crónicas (que pueden comportar, en diferente grado, la pérdida de las capacidades físicas y/o mentales) con la consecuente pérdida de la autonomía personal para las actividades básicas de la vida diaria son factores que van a afectar negativamente la calidad de vida en la vejez. La muerte es un instante pero el morir es un proceso. La situación en la que llegamos al momento de la muerte influirá en la misma. Procurar que sean preservados los derechos de las personas mayores va a ser un factor clave para que esa etapa sea positiva. El *Documento sobre envejecimiento y vulnerabilidad*, publicado en noviembre de 2016 por el Observatori de Bioètica i Dret de la Universitat de Barcelona, hace las siguientes recomendaciones para asegurar la dignidad de las personas en la etapa final de sus vidas:

- Respetar la voluntad y las preferencias de las personas mayores en la toma de decisiones.

- Promover la toma de decisiones anticipadas de los ciudadanos, cuando aún son autónomos, sobre la forma de vida que desean para sus últimos años de vida, para cuando acaezca la fragilidad y la vulnerabilidad que el proceso de envejecimiento comporta de forma inexorable, antes o después.

- Promover paralelamente, la adopción de documentos de voluntades anticipadas, dejar constancia de qué tratamientos se desean recibir o no y promover la incorporación en las historias clínicas de sus valores y preferencias.

- Sensibilizar a la sociedad y a la Administración para que asuman y promuevan una cultura de respeto y de reconocimiento de las personas mayores.

- Adaptar medidas preventivas y mecanismos de protección y de garantía de los derechos de las personas mayores (centrar la atención de manera individual, dar información comprensible, instaurar medidas para evitar que otros tomen decisiones que a ellos corresponden, acciones para la detección de abusos, asesoramiento y acompañamiento jurídico, etc.).

- Invertir en recursos (sociales, sanitarios, educativos…) de forma que se garantice la diversidad de opciones y una vida digna a las personas mayores, así como servicios de calidad, controlados y evaluados continuamente.

También va a repercutir negativamente la soledad no deseada. Según datos de 2018, en el grupo de edad de

65 a 74 años, viven solos un 13.3% de los hombres y un 22.4% de las mujeres, porcentajes que aumentan al 23.6% y al 42.7% respectivamente en personas de 85 años o más. La soledad no indica necesariamente aislamiento y puede ser una opción para algunas personas, tanto jóvenes como mayores. La que cabe destacar aquí es la soledad no deseada, que es la que surge de la discrepancia entre las relaciones que uno tiene y las que desearía tener. Según el Observatorio Estatal de la Soledad no Deseada (SoledadES) un 13.4% de personas en España sufren soledad no deseada, siendo del 12.1% en las personas de más de 75 años. Si a la pérdida de recursos y la existencia de una enfermedad se le añade la soledad no deseada, la etapa final de la vida puede ser más dolorosa. La acción que realizan los grupos de voluntarios en tareas de acompañamiento alivian esta soledad y mejoran la calidad de vida de las personas. Se trata de avanzar hacia modelos de sociedad solidaria con todos sus miembros, una sociedad cuidadora, en las que la que todas las personas puedan sentirse involucradas y manifestar su voz. Como escribe Albert Camus, en su libro *La Peste*, «*Nunca es agradable estar enfermo, pero hay ciudades y países que nos sostienen en la enfermedad, países, en los que en cierto modo, uno puede confiarse. Un enfermo necesita blandura, necesita apoyarse en algo, eso es natural*».

Cuando pensamos en la muerte solemos pensar en su momento final, en la agonía. Si sólo actuamos en ese momento habremos llegado tarde. Morir, lo hemos repetido muchas veces, es un proceso. Un proceso que empieza tiempo antes de ese momento final y que acaba después de ese momento. Empieza durante la enfermedad, sigue con las decisiones a tomar cuando la muerte está cercana y finaliza, en este caso con los familiares, en el duelo. En ocasiones la enfermedad se inicia varios años antes del momento de la muerte y va a requerir una relación continuada entre los profesionales sanitarios y los pacientes. Llega un momento en el que el final de la vida es previsible que sea cercano. Es común aceptar que una persona está en la etapa final de su vida cuando su esperanza de vida es inferior a unos tres meses. En esta fase se deben perseguir como objetivos:

- Un trato centrado en el paciente, un trato humano y cercano.

- Asegurar un seguimiento continuado, en el que el paciente sepa que se está haciendo todo lo que se debe.

- Velar por que el paciente, y sus familias, no se sientan abandonados, aunque el progreso de su enfermedad conlleve, por su evolución, un deterioro progresivo.

- Estar atentos a que el paciente, y sus familiares (si el paciente no lo desautoriza) tengan una información suficiente y adaptada a sus necesidades, sobre la gravedad de la enfermedad y sobre los posibles trámites a realizar. El paciente y sus familiares deben estar informados de las modificaciones de la medicación, y de que se irán retirando aquellas que, por su ineficacia o futilidad, ya no son necesarias.

- Proporcionar el soporte necesario para que el paciente pueda tomar sus decisiones en libertad y favorecer que pueda arreglar sus asuntos pendientes y despedirse de sus allegados.

- Procurar que el paciente pueda recibir, si es el caso, la ayuda de otras personas, como familiares cuidadores o cuidadores profesionales, que colaborarán para cubrir las necesidades o la pérdida de habilidades para su autocuidado o las actividades propias de la vida diaria que la enfermedad ha ido limitando.

- Adecuar y aplicar los cuidados necesarios para el mantenimiento del confort hasta el momento de la muerte, al objeto de que ésta sea plácida y sin dolor.

Una buena muerte, una muerte digna, una muerte apropiada. Una buena muerte tranquila y sin dolor, una muerte digna en la que se respeten los derechos y valores de las personas al final de su vida y una muerte apropiada, es decir, una muerte que sea propia, de acuerdo con aquello que para cada uno tiene sentido. Para ello:

- El paciente debe sentirse acompañado por sus familiares y saber que no va ser abandonado por los profesionales sanitarios en la fase final de la vida y que va a recibir una asistencia sanitaria adecuada para tratar el dolor, el sufrimiento y los síntomas que se puedan presentar durante la agonía.

- Debe existir una buena comunicación entre el paciente y su entorno próximo. Una comunicación que les permita manifestar y compartir sus temores y dudas. Eso debe complementarse con una buena accesibilidad a los profesionales sanitarios para que les puedan dar respuesta y apoyo. En esta situación no es una cuestión menor que el paciente pueda expresarse en su propia lengua (natural o de adopción, según desee) en su relación con los profesionales sanitarios y los cuidadores que le atienden.

- Los profesionales sanitarios y los cuidadores (profesionales o familiares) deben disponer de un soporte adecuado (formativo, económico, psicológico, social) para cubrir las necesidades del paciente y, si es el caso, de los cuidadores (que también pueden sufrir patologías asociadas a su trabajo).

- El paciente debe poder escoger el lugar donde morir. Para algunos ese lugar será su domicilio, para otros un hospital y para otros un centro sociosanitario. No siempre va a ser posible pero se ha de procurar que lo sea. Es importante que, en cualquiera de los casos, se preserve la privacidad y sean lugares tranquilos y personalizados (música, objetos…) y que favorezcan la intimidad.

Según el *Estudi qualitatiu per conèixer què és una bona mort*, publicado por la Agència de Qualitat i Avaluació Sanitàries de Catalunya en 2022, la actitud de los pacientes, según los profesionales, es clave para una buena muerte. Señalan que son importantes los elementos que tienen que ver con su trayectoria vital y su actitud a lo largo de la vida. Destacan como factores favorecedores de una buena muerte:

- La aceptación de la muerte tanto por parte del paciente como de los familiares.
- No dejar cuestiones pendientes.
- Haberse podido despedir de las personas que se quiere.

- El soporte y el respeto de familiares y cuidadores, una buena comunicación y el acompañamiento.
- El respeto y apoyo a cómo se desea morir.
- La espiritualidad o las creencias religiosas, que puedan dar esperanza en un más allá o para reencontrarse con las personas queridas que fallecieron antes.
- Sentir que se deja un buen recuerdo y que se ha sido querido por las personas que han formado parte de su vida.

En el mismo informe también se resalta la importancia del rol que juegan las familias y los profesionales como favorecedores, o no, de una buena muerte:

- Hay familias colaboradoras que van a ayudar a tranquilizar al paciente y otras con conflictos, entre sus miembros o con el paciente. También las hay colaboradoras y otras beligerantes con los profesionales, con la consecuente repercusión, favorable o negativa, en el proceso asistencial.
- No todos los profesionales tienen el mismo grado de madurez, ni la misma experiencia ante la muerte, ni los mismos valores. Las preferencias de los profesionales no pueden prevalecer sobre las de las personas que atienden pero la falta de empatía, la ansiedad ante la muerte, la presión asistencial o la falta de formación sobre cómo afrontar los procesos de final de vida van a favorecer una respuesta no tan adecuada como sería deseable. Es por ello que se debe insistir en la formación de los profesionales en habilidades comunicativas y en la asistencia al final de la vida.

Es importante que el paciente muera bien y, también lo es, que los familiares queden con la sensación de que eso ha sido así y de que se han hecho bien las cosas. En la etapa del duelo los profesionales:

- Han de ser sensibles ante el dolor de los familiares ofreciéndoles ayuda y soporte para que éste no se convierta en un duelo patológico.

- Deben estar abiertos a dar respuesta, si el caso, a las posibles dudas o inquietudes que puedan presentar los familiares sobre si se ha hecho lo más adecuado, o si se ha hecho «todo lo posible». «Todo lo posible» es una expresión muy genérica y amplia y no siempre es lo más adecuado. Es preferible hablar de lo que es más adecuado. Cuando lo hacemos nos estamos refiriendo a aquello que mejor se ajusta a los deseos y valores de ese paciente concreto y en una determinada situación concreta. La existencia de un Documento de Voluntades Anticipadas ayuda a los profesionales y descarga a los familiares de la responsabilidad de elegir cuál es la mejor opción, de acuerdo con lo que ellos interpretan que hubiera deseado el paciente, lo que no siempre es fácil.

Una buena muerte dependerá de que tengamos nuestras necesidades básicas cubiertas, de que podamos recibir los cuidados necesarios para paliar el dolor y otros síntomas que nos aquejen y el sufrimiento. También dependerá de nuestra actitud ante la vida, de nuestros valores y de las personas de nuestro entorno y de la bondad y tipo de relaciones que hemos establecido con ellas. No sabemos cómo vamos a morir y, desgraciadamente, esa muerte no siempre va a ser como desearíamos. Y aunque hablar de la muerte y el morir no siempre es fácil eso no debería impedir que nos preparemos para ello, que nos informemos, que pensemos, que hablemos y dejemos constancia de nuestros deseos. Y ese informados, pensados y hablados nos debería llevar a demandar que todas las personas tengan cubiertas sus necesidades en la etapa final de su vida, pero también antes, y que desde las administraciones se potencie la formación de los profesionales y de los cuidadores, al tiempo que se les dote de los recursos necesarios para ejercer adecuadamente su trabajo.

El bienvenido progreso de la medicina debería amasarse con una buena dosis de medicina basada en la comprensión humana del paciente y la afectividad, pues, a fin de cuentas, el médico es un ser humano que ayuda a otro ser humano a salir de un delicado trance que es la enfermedad.
Julián Marías

CIENCIA Y CARIDAD
DE PABLO PICASSO

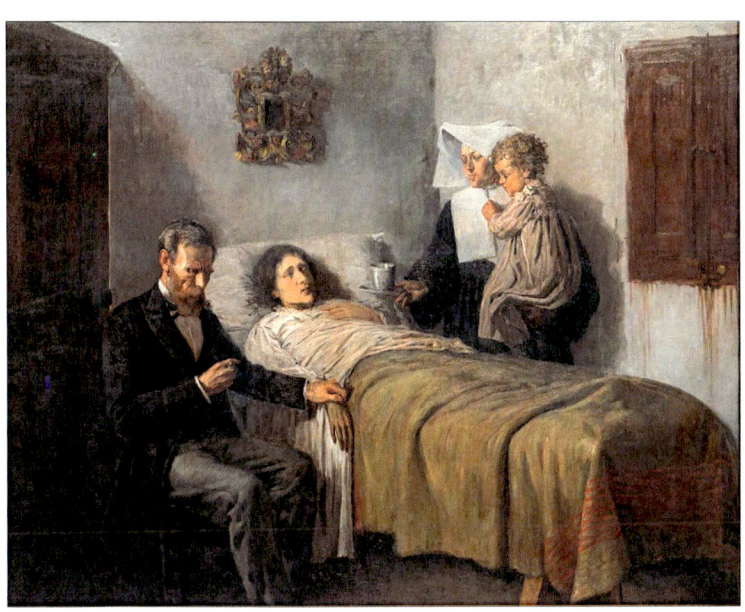

Ciencia y caridad (1897) es una obra que Pablo Picasso realizó en Barcelona, con tan sólo 15 años de edad, y que forma parte de la colección permanente del Museo Picasso de Barcelona. El médico representa a la ciencia y la monja a la caridad. Picasso utilizó como modelos a su padre para el médico, a una mendiga del barrio y a su hijo para la paciente y el niño y a un amigo adolescente para la monja, al que disfrazó con los hábitos de una monja amiga de la familia que, por esos tiempos, vivía en Barcelona.

El cuadro nos muestra a una mujer pálida y con signos de padecimiento, tendida en lo que parece más un camastro que una cama, con un médico sentado a su derecha y, a su izquierda y de pie, una monja sosteniendo a un niño con su brazo izquierdo, al tiempo que, con el derecho, le ofrece un vaso a la paciente. El médico, con su mano izquierda, palpa el pulso en la muñeca derecha de la mujer y mira el reloj que sostiene con la derecha. Todo ello se nos muestra en un entorno de pobreza. Podemos apreciar las humedades de las paredes y la escasa calidad de las ropas que cubren a la mujer. Destaca, quizá como contrapunto, un cuadro profusamente enmarcado sobre la cabecera de la paciente.

Si nos fijamos en las miradas de los personajes podemos apreciar que el médico está atento a su trabajo, la mujer tiene la mirada perdida o, quizá, dirigida al niño que, junto la monja la miran a ella.

Podemos idear y suponer, lo que no sería algo extraño a finales del siglo XIX, que la mujer está en la fase final de su vida, afectada por una tuberculosis que, en esos tiempos, no disponía de un tratamiento eficaz y que era causante de una elevada mortalidad. Los médicos podían cuidar pero poco podían hacer para lograr la curación en estos casos.

En la imagen que se nos presenta podemos imaginar y deducir otras dos cosas relevantes. Una, ya citada, es la pobreza. Una pobreza que va a dificultar el acceso de la paciente a los recursos necesarios para un final de vida menos doloroso. La otra es la preocupación y el sufrimiento, añadido al temor ante la posibilidad de la muerte, que esa madre siente por ese niño. Un niño que puede quedar huérfano y que, posiblemente, acabará en un hospicio con un futuro que será incierto. Sólo la caridad va a ayudar, algo, en esas dos cuestiones.

El cuadro nos muestra también una parte amable, la monja que sostiene al niño y que ofrece algo a la paciente. El médico la intenta curar y la monja cuida de sus necesidades, le ofrece algo para tomar y sostiene al niño cerca de ella, quizá su único consuelo.

Picasso nos dice en su pintura algo que, años más tarde, expresó el Dr. Moisés Broggi y que sigue siendo plenamente vigente: «*Los pacientes necesitan que los curen y también que los consuelen. Los médicos no deberíamos olvidar que no lo podemos curar todo y que las máquinas no consuelan*». Algo que también nos recuerda Mafalda, del genial Quino, en una viñeta en la que sostiene una tirita y se pregunta: «*bueno, ¿y cómo hace uno para pegarse esto en el alma?*»

Hoy en día la situación ha cambiado. Actualmente, disponemos de una sanidad de calidad y gratuita a la que podemos acceder todos los ciudadanos. También, en relación a los profesionales que prestan la asistencia, es más probable que seamos atendidos por una médica que por un médico y las órdenes religiosas, que tuvieron una importancia relevante en la asistencia en su momento, han ido despareciendo o disminuyendo su presencia de los hospitales y han sido sustituidas por profesionales de enfermería, altamente capacitados, y sin cuya presencia no se lograrían los niveles de calidad que poseemos en la actualidad.

Hay algo que no ha cambiado. Aún no se puede curar todo y todos moriremos. Pero que no se pueda curar todo no implica que no podamos hacer nada. Siempre se puede cuidar y acompañar. Un cuidado que debe ir más allá de la atención médica necesaria para aliviar el dolor y el sufrimiento. Existen enfermedades que requieren de muchos recursos para hacer más confortable y mejorar la calidad de vida de las personas que las padecen y no todos los pacientes pueden disponer de ellos. La atención sanitaria debe acompañarse de las ayudas sociales suficientes, para el paciente y sus familiares cuidadores, que permitan un final de vida de calidad y una muerte en paz. Ser sensibles a ello, y poner los medios necesarios para conseguirlo, es una obligación que una sociedad que se considere democrática, justa, equitativa y respetuosa con los derechos humanos no puede ignorar.

Todo tiene su tiempo y cuanto se hace bajo el sol tiene su
hora. Tiempo de nacer y de morir; tiempo de plantar y
tiempo de arrancar lo plantado.
Eclesiastés 3, 1-2

EPÍLOGO

En una tira cómica de Schulz vemos a Charlie Brown y Snoopy sentados en el tejado de la casita de este último. Observan un paisaje con agua al fondo y unas laderas con algún árbol. Charlie le dice a Snoopy *«Un día nos vamos a morir, Snoopy»* a lo que éste responde *«Cierto Charlie, pero los otros días no».* Sabemos que vamos a morir pero no solemos pensar ni hablar demasiado de ello. Hablar de la muerte es hablar de la vida y es hablar de cómo desearíamos ser tratados al final de la misma. Estar informados, haber pensado en ello y hablar con nuestras personas cercanas y/o redactar un documento de voluntades anticipadas va ayudar a que ese final se ajuste, en la medida de lo posible, a nuestros deseos y a los valores que han dado sentido a nuestra vida. Un deseo que se enmarca en el debido respeto al que, como ciudadanos de una sociedad plural y democrática, somos merecedores.

No podemos ejercer nuestros derechos si no disponemos de una información veraz, honesta y adecuada a nuestras necesidades. Una información que nos proporcione las herramientas que nos permitan reflexionar y decidir libremente la opción que mejor se se ajusta a nuestra individualidad. Todos debemos tener esa posibilidad por el debido respeto del que somos merecedores a nuestra dignidad, intimidad y autonomía.

La mejor elección será aquella que tomemos libremente, bien en soledad o bien junto a aquellas personas que forman parte de nuestras vidas y con las que hemos ido avanzando y decidiendo, en diversas cuestiones, a lo largo del tiempo. No se trata tanto de elegir bien o mal, como de elegir en libertad. La bondad de nuestra elección dependerá más de aquello que nosotros consideremos como bueno para nosotros que de aquello que los demás lo puedan considerar. No todos optaremos por lo mismo y no debemos caer en el error de considerar que lo que es mejor para nosotros también lo ha de ser para los otros. Nadie puede imponer a nadie cuál ha de ser la forma de afrontar el final de su vidas.

Para poder ejercer nuestros derechos debemos conocerlos. Es función de los estamentos públicos y de los centros sanitarios favorecer y potenciar la formación de los ciudadanos en las cuestiones y los derechos que nos atañen en relación a nuestra salud (información adecuada, consentimiento informado, documento de voluntades anticipadas…) y de cómo podemos ejercerlos. Una formación que, adecuada a los diferentes grados educativos, ya debería empezar en la escuela.

También es necesario incidir y favorecer la formación de los profesionales de la salud en habilidades en comunicación. Adaptar el lenguaje a las diferentes tipologías de los pacientes, aprender a dar las malas noticias, ayudar a los pacientes y a sus familiares a gestionar la proximidad de la muerte, entre otras, son cuestiones que tienen un amplio campo de mejora.

A modo de resumen, resaltar:

- La dignidad de las personas debe ser preservada en todo momento. Recibir una información honesta, veraz y adaptada a nuestras necesidades es el primer paso para poder ejercer nuestros derechos.

- Tenemos el derecho a aceptar, o rechazar, los tratamientos que se nos propongan. Tenemos derecho al alivio del dolor y el sufrimiento, a ser respetados en nuestras creencias, a recibir soporte espiritual, a ser atendidos en la lengua propia, a recibir ayuda para nosotros y nuestras familias para afrontar la muerte y a morir en paz.

- Tenemos derecho a redactar un DVA y que las indicaciones en él establecidas se lleven a cabo, si no contravienen la legislación vigente o la buena práctica clínica.

- La formación para el tratamiento del dolor y el sufrimiento, junto con la adquisición de habilidades comunicativas, debe ser considerada una parte esencial en los programas formativos de los profesionales de la salud.

- Ante enfermedades crónicas evolutivas e irreversibles, en las que es esperable un deterioro progresivo de la calidad de vida, es adecuado que el paciente y los profesionales que les atienden, acuerden un plan anticipado de cuidados, que tenga en consideración los valores y preferencias del paciente y en el que se prevean los recursos previsibles.

- Los cuidados paliativos son un derecho al que todos los ciudadanos deben tener acceso. Que existan no va implicar que no haya personas que, de acuerdo con sus valores, soliciten la prestación de la ayuda para morir (eutanasia, suicidio médicamente asistido) pero quizá sí que algunos retarden su petición. Lo que si que es seguro es que, si se asegura el acceso a toda la población, muchas más personas van a poder morir en mejores condiciones y más dignamente.

- En el final de la vida, también es importante que se cubran las necesidades sociales. Según su situación familiar y social (con las dificultades que de por sí ello puede conllevar), no todos los pacientes van a disponer de los medios necesarios para pagar cuidadores, aparatos (grúa, silla de ruedas...), etc. La ausencia de los mismos será causa de un final más penoso.

- La eutanasia es una cuestión ética que, llegado el momento, ha pasado a ser regulada por la ley. Muchas veces, los cambios en los valores, o las inquietudes de la sociedad, van antes que los cambios legales, que lo que hacen es reconocer esos hechos y establecer los mecanismos de su regulación.

- El derecho a la eutanasia viene a reconocer que, en determinadas circunstancias, las personas pueden demandar el poner fin a su vida. Ese derecho ha sido reconocido después de la demanda reiterada de una sociedad que, de forma progresiva, ha ido reconociendo el derecho de las personas a decidir sobre las cuestiones que afectan a su salud y que ha demandado el obligado respeto (en el contexto de una sociedad plural) a su autonomía, intimidad y dignidad.

- La LORE es una ley garantista, tanto para los pacientes como para los profesionales. Nadie debe temer que le será practicada sin su petición expresa, libre y reiterada.

- La aplicación de la LORE es también algo novedoso para los profesionales sanitarios. Es por ello que es necesario la existencia de cursos de formación y grupos de apoyo que faciliten esa labor y den respuesta a las dudas que razonablemente se les presenten.

- La objeción de conciencia es un derecho individual y no de las instituciones. Si es una objeción honesta (no responde a la falta de preparación y no pretende dificultar o retardar el acceso de la persona a la muerte asistida) debe ser respetada. Ese derecho a la objeción de conciencia no implica que ese profesional no deba informar a la persona que atiende y que no le facilite el acceso a otro profesional para que lleve a cabo la tramitación de su solicitud.

- No se puede curar todo pero siempre podemos acompañar y cuidar.

- Hay que cuidar a los cuidadores y favorecer su formación.

- Paliar el dolor y el sufrimiento ayudan a una buena muerte pero también influyen en ella la actitud con las que nosotros la afrontemos, los valores que han dado sentido a nuestras vidas y el acompañamiento de las personas allegadas.

- Un día moriremos pero, como dice Snoopy, los otros no. ¡Vivámoslos!

LEGISLACIÓN BÁSICA

Ley 14/1986, de 25 de abril, General de Sanidad.

Ley 41/2002, de 14 de noviembre, básica reguladora de la autonomía del paciente y de derechos y obligaciones en materia de información y documentación clínica.

Ley 39/2006, de 14 de diciembre, de Promoción de la Autonomía Personal y Atención a las personas en situación de dependencia.

Real Decreto 124/2007, de 2 de febrero, por el que se regula el Registro Nacional de Instrucciones Previas y el correspondiente fichero automatizado de datos de carácter personal.

Orden SCO/2823/2007, de 14 de septiembre, por la que se amplia la Orden de 21 de julio de 1994, por la que se regulan los ficheros con datos de carácter personal gestionados por el Ministerio de Sanidad y Consumo y se crea el fichero automatizado de datos de carácter personal denominado Registro Nacional de Instrucciones Previas.

Real Decreto 174/2011, de 11 de febrero, por el cual se aprueba el baremo de valoración de la situación de dependencia establecido per la Ley 39/2006, de 14 de diciembre, de promoción de la autonomía personal y atención a las personas en situación de dependencia.

Ley Orgánica 3/2021, 24 de marzo, de regulación de la eutanasia.

Real Decreto 415/2022, de 31 de mayo, por el que se modifica el Real Decreto 124/2007, de 2 de febrero, por el que se regula el Registro Nacional de Instrucciones Previas y el correspondiente fichero automatizado de datos de carácter personal. (Todas las Comunidades Autónomas disponen de normativa propia sobre la organización y funcionamiento de sus registros autonómicos).

GLOSARIO

Agonía: Fase previa a la muerte. Puede durar horas o días. Se caracteriza por la manifestación progresiva de signos de fallo del organismo.

Autonomía: Facultad de las personas para decidir, de acuerdo con sus creencias y valores personales, sobre las cuestiones que les afectan.

Autotutela: Es la acción voluntaria de designar un tutor, o de manifestar quien ha de ser excluido de esa función, en previsión de que llegue el caso en que uno pueda ser incapacitado.

Bioética: Estudio plural e interdisciplinar de las implicaciones éticas del progreso en las ciencias de la vida y la salud y de su repercusión en la sociedad y su sistema de valores.

Consentimiento informado: Es el consentimiento que da una persona competente, o su representante, para que se pueden llevar a cabo las actuaciones sanitarias que se le proponen. Previamente debe haber recibido una información veraz y adecuada a sus características personales. En la mayoría de casos ese consentimiento requiere realizarse por escrito. El paciente tiene derecho a replantearse su decisión y retirar su consentimiento si así lo desea.

Cuidados paliativos: Son los cuidados destinados, principalmente, a personas con enfermedades incurables y avanzadas con el objeto de aliviar los síntomas que afectan su calidad de vida. El objetivo es proporcionar confort y mejorar su calidad de vida sin olvidar la atención a las personas de su entorno.

Dependencia: Tipo de ayuda que necesita una persona para las actividades de la vida diaria y para llevar una vida normal.

Dignidad: Es un valor intrínseco que tiene todo ser humano por el mero hecho de serlo. Es inalienable y no depende de ninguna característica ni condición y comporta el derecho de todas las personas a ser respetadas, a ser tratadas justamente y a no ser utilizadas. Es un término reintepretado por los diferentes grupos de ética de acuerdo a su ideología siendo utilizado como argumento, por ejemplo, tanto para defender como atacar el derecho a la prestación para la ayuda a morir

Documento de consentimiento Informado: Documento en el que se describe la actuación sanitaria propuesta y las posibles complicaciones que de por sí misma y/o por las condiciones del paciente se puedan presentar. En él debe constar el nombre del profesional que propone la actuación sanitaria y el del paciente. Después de haberse proporcionado, por parte del profesional sanitario, una información veraz y adecuada a las necesidades del paciente, de haber dado respuesta a sus preguntas y resuelto sus dudas este documento debe ser firmado por ambos y, si es el caso de que el paciente no es competente, deberá ser firmado por su representante. El documento de consentimiento informado también puede tener un apartado que recoja el deseo del paciente, después de haber recibido la información que hace al caso y de las posibles consecuencias de su decisión, de no aceptar la actuación propuesta. Si ésta es la opción elegida también deberán firmar el paciente y el profesional que ha propuesto la actuación en el lugar señalado a tal efecto. En cualquier momento el paciente puede cambiar de opinión y retirar su consentimiento, debiendo ser respetada esta opción.

Documento de voluntades anticipadas: Es el documento en el que una persona competente manifiesta, de forma libre y sin coacción alguna, su deseo de cómo desea ser tratada si llega el momento en que no pueda expresar su voluntad personalmente. Aunque generalmente se requiere la mayoría de edad para su realización, debería contemplarse también la validez de un documento realizado por un menor maduro en aquellas comunidades en que no está contemplada esta posibilidad. Es relevante que en él se haga constar, la persona o personas, familiares o no, que deben actuar como representantes.

Efectividad: Cuando una actividad sanitaria consigue el objetivo deseado al aplicarse en la práctica clínica habitual.

Eficacia: Una actividad sanitaria es eficaz cuando, aplicada en condiciones experimentales, se obtiene el objetivo deseado.

Enfermedad crónica avanzada: Es una enfermedad crónica en la que el pronóstico de vida es limitado y en la que la aplicación de los cuidados paliativos cobran especial relevancia en el proceso asistencial.

Enfermedad terminal: Enfermedad irreversible y progresiva, con una esperanza de vida limitada a pocos meses, sin esperanzas razonables de respuesta a un tratamiento específico. En estos casos cobran cada vez más relevancia los tratamientos destinados al cuidado y al confort en detrimento de los destinados a la curación que han ido perdiendo ya su efectividad.

Esperanza de vida: Indicador de los años que puede vivir una persona si no se modifican las tasas de mortalidad de la población a la que pertenece.

Eutanasia: Actuación médica que, a petición libre, expresa, reiterada e informada de una persona con un padecimiento insoportable, provocado por una enfermedad irreversible e incurable, se realiza al objeto de provocar la muerte de una forma rápida e indolora. Es una prestación reconocida por la ley si se dan las circunstancias que en ella se describen. No debe confundirse con el derecho a rechazar un tratamiento (aunque ello pueda causar la muerte), ni con la sedación en la agonía, ni con el homicidio por compasión.

Fragilidad: Situación en la que hay una disminución de las reservas fisiológicas lo que confiere una mayor vulnerabilidad a los factores de estrés y aumenta el riesgo de resultados sanitarios adversos.

Grado de dependencia: La necesidad que tiene una persona según sus circunstancias.

Grado de parentesco: Se entiende por grado de parentesco lo cercano o lejano que está un familiar de otro. Por consanguinidad, primer grado: padres e hijos; segundo grado: abuelos, nietos y hermanos; tercer grado: tíos, sobrinos, bisabuelos y bisnietos; cuarto grado: primos hermanos y tíos abuelos. Por afinidad, primer grado: cónyuge, padres del cónyuge, cónyuges de los hijos; segundo grado: cónyuges de hermanos y nietos, abuelos de los cónyuges, hermanos del cónyuge y sus cónyuges.

Historia clínica: Conjunto de datos sobre la salud de una persona, su evolución y tratamiento. Es conveniente que en ella se recojan también los valores, deseos y preferencias del paciente en las cuestiones relativas a su salud. La confidencialidad de la misma está protegida por la ley.

Homicidio por compasión: Cuando, movidos por un sentimiento compasivo, se provoca la muerte de un paciente, en situación de gran sufrimiento, sin conocer antes su voluntad y sin tener su permiso expreso para llevar a cabo tal acción. No debe confundirse con la eutanasia.

Muerte: Cese irreversible y permanente de las funciones vitales.

Muerte digna: Muerte que acontece de acuerdo con los valores, creencias y el sentido de la dignidad de cada persona.

Objeción de conciencia: Situación en la que un profesional alega condicionantes morales para no atender una petición legitima de un paciente. Es una falsa objeción de conciencia si la causa es la falta de formación o si con ello se pretende retardar y dificultar el acceso de un paciente a una prestación sanitaria a la que tiene derecho. El derecho a la objeción de conciencia no ha de incluir el negarse a dar la información que necesita el paciente para que pueda ser atendido por otro profesional.

Obstinación diagnóstica: Cuando se realizan pruebas dirigidas al conocimiento de la situación o de la patología que afecta a un paciente sin la previsión de que el resultado pueda revertir en su beneficio.

Obstinación terapéutica: Cuando con todos los medios posibles se intenta prolongar la vida de un paciente, con una enfermedad irreversible, en una fase crítica o con una enfermedad terminal, sin que ello aporte suficiente calidad de vida.

Plan anticipado de cuidados: Se trata de identificar los valores y las preferencias de un paciente y, si es el caso, de su familia, ante la presencia de una enfermedad determinada para hacer un plan de asistencia que sea acorde con todo ello. Un plan que contemple esos valores y preferencias, marque los objetivos a seguir y se prevean los recursos necesarios para ello. Es oportuno que quede registrado en la historia clínica del paciente. Puede ser complementario o la base para la redacción de un documento de voluntades anticipadas.

Rechazo a la actuación sanitaria: Es un derecho, reconocido por la ley, que reconoce la autonomía de los pacientes para rechazar las actuaciones sanitarias, o los tratamientos, que se le proponen.

Representante: Es la persona que, conocedora de los valores, deseos y voluntad del paciente, ha sido delegada por éste para actuar en su nombre. Aunque esta delegación puede ser verbal y se haya hecho constar en la historia clínica es aconsejable que el paciente exprese esa delegación por escrito ya que en algunas situaciones, como la petición de la prestación de ayuda para morir, la opinión del representante no será tenida en consideración si no existe evidencia documental de su condición de representante.

Sedación paliativa: Consiste en la administración a un paciente que padece una enfermedad incurable o terminal, de una serie de fármacos con el objetivo de tratar adecuadamente síntomas refractarios a otros tratamientos. La sedación comporta una disminución de la conciencia. Llamamos sedación en la agonía a la sedación paliativa que se realiza en esta fase final de la vida. No debe confundirse con la eutanasia.

Suicidio médicamente asistido: Es un derecho reconocido por la ley, que se diferencia de la eutanasia en que, mientras en ésta los medicamentos para causar la muerte son administrados por el profesional sanitario, en el suicidio médicamente asistido es el paciente el que, con el soporte de los profesionales sanitarios, se los autosuministra.

Vulnerabilidad: Riesgo de padecer un daño o perjuicio.

BIBLIOGRAFÍA

Amades, Joan: *La mort. Costums i creences.* Edicions El Mèdol. Tarragona, 2001.

Auberni, Salvador: *Viure amb dignitat.* Efadós. El Papiol, 2021.

Ariès, Philippe: *Historia de la muerte en occidente.* Acantilado. Barcelona, 2000.

Asociación Derecho a Morir Dignamente: *Evaluación del desarrollo de la Ley Orgánica de Regulación de la Eutanasia (LORE): a los tres años de su entrada en vigor.* https://derechoamorir.org/wp-content/uploads/2024/06/Informe-evaluacion-tres-anos-de-la-LORE_2024.pdf (consultado el 25 de junio de 2024).

Asociación Estatal de Directoras y Gerentes en Servicios Sociales: *Dictamen* (2024): https://directoressociales.com/xxiv-dictamen-del-observatorio-estatal-de-la-dependencia/ (consultado el 27 de junio de 2024)

Benach, Enric; Pueyo, Miquel: *Mort certa, hora incerta*. Pagès editors. Lleida, 2013.

Bórquez, Blanca; Casado, María; Corcoy, Mirentxu: *Análisis sobre el impacto normativo de los documentos del OBD relativos a la eutanasia y retos de futuro*. Observatori Bioética i Dret, junio 2010. Disponible en: https://diposit.ub.edu/dspace/bitstream/2445/104589/1/07894cc.pdf (consultado el 20 de mayo de 2024).

Broggi, Marc Antoni: *Por una muerte apropiada*. Anagrama. Barcelona, 2013.

Camps, Victoria: *Tiempo de cuidados*. Arpa. Barcelona, 2021.

Camus, Albert: *La peste*. Penguin Random House Grupo Editorial. Barcelona, 2020. (Edición en formato digital).

Casado, Maria; Rodriguez, Pilar; Vilà, Antoni: *Documento sobre envejecimiento y vulnerabilidad*. Edicions de la Universitat de Barcelona. Barcelona, 2016.

Caso, Angeles: "El dolor y la moral" en *El País*, 21 de enero de 1998.

Clèries Costa, Xavier: *La comunicació amb els professionals de la salut*. Viguera Editores S.L. Barcelona, 2009.

Comité Consultiu de Bioètica de Catalunya. *Informe sobre l'eutanasia i ajuda al suïcidi*. Generalitat de Catalunya. Departament de Salut. Prous Science S.A. Barcelona, 2006.

Corcoy, Mirentxu: *Principio de autonomía y derecho a la ayuda a morir: Regulación de la eutanasia*. https://doi.

org/10.1344/rbd2024.61.46585 (consultado el 7 de junio de 2024).

D´Ors, Pablo: *Sendino se muere.* Fragmenta editorial. Barcelona, 2014.

Engelhard, H.T.: *Los fundamentos de la bioética.* Paidós. Barcelona, 1995.

Esquerda, Montse: *Hablar de la muerte para vivir y morir mejor.* Alienta. Barcelona, 2022.

Fernández Giner, L.; Serra-Sutton, L.; García-Altés, A.: *Estudi qualitatiu per conèixer que és una bona mort: experiències i vivències dels pacients, familiars i professionals en el sistema de salut català.* Barcelona: Agència de Qualitat i Avaluació Sanitàries de Catalunya (AQUAS), 2022. Disponible en: https://hdl.handle.net/11351/8275 (consultado el 20 de mayo de 2024).

Fina, Albert: *Conviure amb el càncer.* Columna. Barcelona, 1996.

García, Andreu: "Sobre el respeto a la autonomía de los pacientes" en Casado, Maria (comp.): *Estudios de bioética y derecho.* Tirant lo Blanch libros. València, 2000.

Generalitat de Catalunya. Departament de Salut: *La millora de l'atenció al final de la vida. La perspectiva dels familiars de pacients i dels professionals de la salut.* Barcelona, 2008.

Generalitat de Catalunya. Departament de Salut; TERMCAT, Centre de Terminologia. *Diccionari de bioètica* [en línia]. Barcelona: TERMCAT, Centre de Terminologia, cop. 2019-2023. (Diccionaris en Línia). (consultado el 20 de mayo de 2024).

Gomez-Batiste, X. y col.: *Recomendaciones para la atención integral e integrada de personas con enfermedades o condiciones crónicas avanzadas y pronóstico de vida limitado en servicios de salud y sociales: NECPAL-CCOMS-ICO 3.1 (2017).* https://ico.gencat.cat/web/.content/minisite/ico/professionals/documents/qualy/arxius/INSTRUMENTO-NECPAL-3.1-2017-ESP_Completo-Final.pdf (consultado el junio de 2024)

Gómez-Batiste, Xavier; Formiguera, Anna; Vilaclara, Mariona: *Fins al final de la vida.* Eumo editorial. Vic, 2021.

Generalitat de Catalunya. Departament de Salut: *La millora de l'atenció al final de la vida.* Barcelona, 2008.

Guidonet, Alicia (ed): *Morir en mans de Déu.* Cristianisme i Justicia. Barcelona, 2018.

INE: *Estadistica de defunciones según la causa de muerte. Año 2023. Datos provisionales.* https://www.ine.es/dyngs/Prensa/pEDCM2023.htm (consultado el 26 de junio de 2024).

Kübler-Ross, E.: *Sobre la muerte y los moribundos.* Grijalbo. Barcelona, 1994.

Mankell, Henning: *Arenas Movedizas.* Tusquets. Barcelona, 2015.

Marsh, Henry: *Al final, asuntos de vida o muerte.* Salamandra. Barcelona, 2023.

Martínez Montauti, Joaquín: "Fines de la medicina" en Casado, Maria (comp.): *Estudios de bioética y derecho.* Tirant lo Blanch libros. València, 2000.

Muñoz Cobos, F.; Espinosa Almendro, JM.; Portillo Strempel, J. Benitez del Rosario, MA.: *Cuidados paliativos: Atención a la familia.* Aten Primaria 2002. 30 de noviembre. 30 (9): 576-680.https://www.elsevier.es/es-revista-atencion-primaria-27-articulo-cuidadospaliativos-atencion-familia-13040178 (consultado el 28 de junio de 2024)

Rojas Marcos, Luis: "Juan, es cáncer" a *El País Semanal*, 1 de febrero 1998.

Royes, Albert (coord.): *Morir en libertad.* Edicions de la Universitat de Barcelona. Barcelona, 2016.

Sanz, Fernando: *Informe de evaluación sobre la prestación de ayuda para morir: una lectura crítica.* DMD (derecho a morir dignamente), 31 de mayo de 2024. https://derechoamorir.org/2024/05/31/informe-de-evaluacion-sobre-la-prestacion-de-ayuda-para-morir-una-lectura-critica/ (consultado el 25 de junio de 2024).

SECPAL (Sociedad Española de Cuidados Paliativos): *Documento resumen de la II Jornada de educación en cuidados paliativos: cuestión de salud pública.* Madrid, abril de 2024. https://www.secpal.org/wp-content/uploads/2024/06/II-jornada-educacion-cuidados-paliativos-2024-documento-rcsumen.pdf (consultado el 28 de junio de 2024)

Sociedad Española de Medicina Familiar y comunitaria (semFYC): "Carta de derechos y deberes del paciente" a *Guía práctica de salud*, 2021. Disponible en: https://www.semfyc.es/recursos-ciudadania/guia-practica/48/497 (consultado el 20 de mayo de 2024).

Thévoz, Michel; Jaccard, Roland: *Manifiesto por una muerte digna.* Kairós. Barcelona, 1992.

Viñas Salas, Joan: *Com viure amb la malaltia*. Publicacions de l'Abadia de Montserrat. Barcelona, 2018.

VVAA.: "Soledad, envejecimiento y final de la vida" en *Cuadernos de la Fundació Víctor Grífols i Lucas*, nº 55. Barcelona, 2020.

VVAA.: "Ciudades que cuidan, también al final de la vida" en *Cuadernos de la Fundació Víctor Grífols i Lucas*, nº 57 Mémora Fundación, Fundació Víctor Grífols i Lucas. Barcelona, 2020.

VVAA.: "Eutanasia: los retos éticos, jurídicos y administrativos de la LORE" en *Cuadernos de la Fundació Víctor Grífols i Lucas*, nº 66. Fundació Víctor Grífols i Lucas. Barcelona, 2024.

VVAA.: "La necesidad de cuidado: un reto político, social e institucional" en *Cuadernos de la Fundació Víctor Grífols i Lucas*, nº 68. Fundació Víctor Grífols i Lucas. Barcelona, 2024.

Yanguas Lezaun, Javier: *La soledad no deseada en las personas mayores*. Fundación La Caixa. El Observatorio Social. Septiembre de 2021. https://elobservatoriosocial.fundacionlacaixa.org/es/-/la-soledad-no-deseada-en-las-personas-mayores (consultado el 7 de junio de 2024).

Para completar la información se pueden consultar las siguientes páginas web:
- Asociación Derecho a Morir Dignamente.
- Documento de Voluntades Anticipadas (dentro de la web de la Generalitat de Catalunya).

- Derechos sociales sobre las personas dependientes (dentro de la web de la Generalitat de Catalunya).
- Rincón del cuidador: Ley de dependencia.

AGRADECIMIENTO

A los profesionales y a los pacientes que han formado parte de mi vida profesional. De todos ellos aprendí algo.

A la Dra. María Casado, al Dr. Albert Royes, al conjunto de profesores (algunos ya fallecidos), y a mis compañeros de la segunda promoción del Máster en Bioética y Derecho de la Universidad de Barcelona (1996-1998). Con ellos aprendí y disfruté de largos, amenos e interesantes debates en las sesiones del Palau de les Heures en Barcelona.

A Marina Dalmases Tulleuda, por su dibujo de una Unidad de Diálisis, realizado en su infancia, y que nos sirve para ilustrar la idea de que no debemos olvidar que hay que "poner cara" a los pacientes.

A Anna Rius Roses, por su revisión y sugerencias en el apartado sobre la Ley de ayuda a la dependencia.